子どもたちを犯罪から守るまちづくり

考え方と実践 — 東京・葛飾からのレポート

中村 攻

晶文社

装丁　中新

はじめに

二〇〇〇年初頭、戦後経験したこともない状況を呈した犯罪件数も、その後の関係者達の様々な取り組みの成果もあって、最近では2/3程度に減少し、一時の右上がり現象にも歯止めがかかってきました。

こうした傾向を反映して、一時、燎原《りょうげん》の火のように全国津々浦々に広がった「子どもたちを犯罪から守る活動」も様々な様相の変化をみせています。ある地域では活動そのものが自然消滅したり小休止しています。取り組みを縮小して続けている地域もあります。活動そのものは続けていても、マンネリ化に陥っている地域も少なくありません。もちろん、元気に活動しながら次の展開を模索している地域もあるでしょう。

しかし、犯罪者を生み出す社会的要因は決して軽減されたわけではありません。寧ろ、格差社会や競争型社会の拡大で、個人から社会までストレスは蔓延し、犯罪者を生み出す社会的土壌は広がり、強まってすらいるのです。

犯罪として顕在化するのを封じ込め、押さえ込んでいるというのが現状の正確な見方といえるでしょう。

欧米の先進国では、犯罪の発生件数がわが国の数倍（人口当たりの発生件数）もあり、事態はもっと深刻です。これらの国では封じ込め策も極めて強烈で、社会の自由で民主的な発展の前に大きく立ちはだかっています。監視カメラが街の隅々までを監視し、公共的施設はロックされ、人々の自由は大きく制限されてきています。公園では、子どもたちがフェンスで囲われた空間で遊ぶ光景が広がり、まちそのものをフェンスで囲い居住者以外の自由な往来を許さない「ゲーテッドシティー」といわれるまちづくりも珍しくありません。性犯罪者を刑期後も警察等で監視するだけでなく、地域社会から排除していく動きも見られます。

しかし、欧米の先進国といえど、こうした施策は決して望んで取り入れられているものではありません。人権や自由や民主主義の観点から懸念や非難を浴びながらも、深刻な犯罪状況から、やむを得ず取り入れられているのです。

わが国でも封じ込め策の効果を急ぐ余り、こうした欧米の施策を、状況の違いを無視して無批判に導入する傾向がみられます。

しかし、ちょっと待ってほしい。犯罪が心配だとはいえ、わが国の現状は欧米の数分の一なのです。数倍も厳しい現状に直面して、やむを得ず取り入れられている施策は、先進的な施策ではなく、反面教師として捉える姿勢が必要です。犯罪の発生を取り除くことなく、封じ込め策に多くを頼っていくと、社会は劣化していかざるを得ないのです。

「子どもたちを犯罪から守る活動」には、欧米の物真似でなく、わが国の現状を踏まえた創造的な展開が求められているのです。

この活動は、こうした問題意識で組み立てられています。まず何よりも、わが国には地域社会で子どもたちを育てていく歴史的な伝統があります。弱体化したとはいえ、この伝統を信頼し、その再生を信じて、そこを基盤に、今日的課題である「子どもたちを犯罪から守る」活動を組み立てていくのです。子どもをはじめ住民がお互いに支え合っていく地域社会を、封建的な復古ではなく、民主的な新しいものとして再生・創造していく、そうした道筋の中にこの活動は位置づけられています。また、子どもたちを取り巻く犯罪の危険という今日的状況は、子どもたち自身の変化に主な原因があるのではなく、彼等を取り巻く社会環境の激変劣化に大きな原因があると考えます。したがって活動の中心は、子どもたちへの教育や指導に向けられるのでなく、激変劣化した社会環境の改善にこそあると考えます。大人社会がこの課題をしっかりと受け止め、自らの頭と体を使い、地域環境の改善に汗を流すことこそが求められていると考えます。

「寅さん」で人気の「男はつらいよ」（山田洋次監督・渥美清主演）という映画をご存知の方は多いでしょう。この舞台となった柴又帝釈天がある東京の下町、そこが東京都葛飾区です。人口四五万人程で東京都特別区の中では比較的大きな区といえるでしょう。ここが本著で紹介する「子どもたちを犯罪から守るまちづくり」活動の舞台でもあります。

ちょうど一〇年程前、全国の自治体で、子どもたちを犯罪から守る対策が一斉に展開されました。その多くは子どもたちを対象にした安全教育に類するものでした。しかし、寅さんの故郷・葛飾はいささか趣を異にしました。子どもたちへの安全教育は補足的で任意なものとし、大人社会による子どもたちの安全な環境づくりを中心に据えたのです。それが葛飾の地をどのように変えてきたのかは本書の中でお汲み取りください。以来一〇年余、この活動は綿々と引き継がれ、葛飾の地に根を張り、葛飾固有の子育ての文化を育ててきたのです。今では、当初に中学生として調査に協力した子どもたちが、保護者としてこの活動の主体として登場しようとしています。何と素晴らしいことでしょう。

本著は、第1章ではこの活動の基礎的な知識を、第2章では具体的な活動の進め方を、第3章では葛飾での取り組みの実践的成果を記しています。基礎から知識を積み上げていくというといささか硬い構成になっています。しかし、第3章から始めて1章、2章と読まれるのもいいかもしれません。まず葛飾でどんなことをやったのかを読まれて、興味が出てから取り組みの基礎にある考えを理解し、更には具体的な取り組み方を理解するという読み方もあると思います。そして最後に、折々の考えを記した補章に目を通していただけばよいわけです。

目次

第１章

基礎的な知識

1　背景と特徴

子どもたちを犯罪の危険から守るために様々な取り組みが全国で見られるようになって来ました。そうした取り組みの中で、この活動はどんな特徴を持っているのでしょうか？　そのことを考える前に、こうした活動の提案に至る背景について簡単に記しておきます。

日本の都市は、欧米の都市に較べて極めて過密です。住民一人当りの公園緑地の面積も、都市によっていささかの差はありますが、おしなべて五平方メートル前後です。これは欧米の五分の一から十分の一程度であります。都市の構造やそこでの人々の生活様式には大きな違いがあるので、単純な比較をすべきではありませんが、日本の都市が極めて過密であることは明白です。

誰もが何時でも、自由に利用できる公園緑地が少ないということは、今日では、子どもたちの生活環境としても大きな問題です。高度経済成長による急激な若年人口の都市集中や、その後のバブル期を経て、この問題は極めて深刻な都市問題として顕在化してきます。かつて日本の都市で、子どもたちに遊び場を提供してきた都市に散在する空地は、地上げの対象となり次々と姿を消しました。社寺の境内は駐車場や庭園に姿を変え、子どもたちは追い払われました。路地々々で子どもたちの遊びの文化を発達させてきた地域の生活道路では、自動車の侵入によって子どもたちは姿を消しました。

空地や寺社境内や路地といった日本の都市構造が提供する子どもたちの遊び空間が姿を大きく変えていくなかで、そこから子どもたちの姿は消えていったのです。こうした社会状況を背景に、行き場を失った子どもたちの受皿として、日本の都市でも、公園緑地への期待が顕在化してきました。

こうした期待を背景に、公園緑地づくりに関わる人々の苦闘の歴史が始まりました。世界に比類なき高地価の日本の都市で、土地が金を生み出す打ち出の小槌《こづち》と錯覚した人々を対象に、公園緑地という利潤を生み出さない空間をつくり出すことは困難を極める活動です。しかし、少しずつではありますが、関係者の弛《たゆ》まぬ努力によって、日本の都市のあちらこちらに公園緑地がつくり出されていったのです。公園緑地が都市の付け足し的存在から、都市の主要施設の一つとして、地位を占め始めたのです。

とりわけ、ニュータウン等の新しい都市の建設では、こうした努力の足跡をはっきりと読み取ることができます。一九六〇年代の初期の都市建設では、公園緑地は、近隣住区理論に基づいて、都市のなかにポツリポツリと点的に配置される存在でありました。一九七〇年代になると、これらの公園緑地相互や都市の主要施設を緑道で結び、ネットワーク化するという計画思考が登場します。都市のなかで〝みどり〟は線的存在として存在感を高めていくのです。一九八〇年代になると、線的に広がった公園緑地の計画思考は、更に面的な発展をみせます。即ち、都市全体を公園緑地として捉え、その内に建物や道路を配していこうと考えたわけです。パークシティーとか公園都市といった計画思考の登場であります。ここに到って、公園緑地は都市の最も基幹的な存在としての地位を得てくるわけです。

少しずつではあるが、都市には確実に公園緑地が増え、その質も向上してきたと信じていたその時、衝撃的な事件が発生しました。一九八八年、俗にいう宮崎事件の発生です。四件の犯罪現場の一つに、計画的に建設された集合住宅団地の公園緑地が登場したのです。この事件を契機に、それまで潜在化していた住民の〝みどり〟に対するある種の不安が一気に表面化してきました。見た目に美しい〝みどり〟もそこに住む人々にとっては、そのままでは受け入れられない課題のあることが鮮明になってきたのです。その課題とは、〝犯罪の危険からの安全確保〟といった問題です。みどりの確保・創生をはじめ、快適なまちづくりを願ってきた全ての人々の前に〝犯罪からの安全〟というテーマが突き付けられたといえるでしょう。

このテーマは、決して楽しいまちづくりのテーマではありません。どちらかといえばマイナーな性格のものです。しかし、残念なことに、このテーマを避けて、快適なまちをつくれないことがはっきりしてきたわけです。

日本の都市は安全だといわれてきました。まちづくりも、その安全神話の上にどっぷりと胡座《あぐら》をかいてすすめられてきました。住宅や学校も、公園や広場も、鉄道駅や商店街ですら、犯罪の危険などほとんど配慮されずにつくられてきたわけです。ところが、日本人の生活様式や社会構造が急激に欧米化してくるなかで安全神話は崩れ、欧米の都市のような犯罪多発型の都市に急速に近づいてきたわけです。こうなると、犯罪の危険などほとんど視野に入れてつくられてこなかった日本の都市は、犯罪に対して極めて無防備であるという弱点が露呈してくるわけです。生活の基盤としての都市空間が犯罪に対してほとんど無防備であり、その基盤の上に立つ社会構造が犯罪多発型に急速に変化する状況のなかで、極めて深い矛盾を露呈し始めてきているのが日本の都市の現状といえるでしょう。

日本の都市のこうした矛盾の現状を、十数年来の研究の成果として、『子どもはどこで犯罪にあっているか――犯罪空間の実状・要因・対策』（晶文社）として、世に問いました。それは、予想以上に多くの人々の興味をひくことになりました。新聞でも主要全国紙をはじめ幾つかの地方紙でも取り上げられました。テレビやラジオでも全国ネットの主要キー局をはじめ、幾つかの地方局でも取り上げてくれました。こうしたことを契機に、ＰＴＡをはじめ多くの教育関係者の方々から強い関心が寄せられました。都市づくりや公園づくりに関わる人々からも関心が寄せられました。警察や地域の防犯関係の人々からも協力の要請がありました。エンゼルプランはじめ福祉活動に関わる人々からも関心が寄せられました。こうした状況を前にして、子どもたちを犯罪の危険から守るということが、国民各階層の強い要求であり課題になっているということを再確認できました。

子どもたちにとって、日本の都市は大変危険なものになっているという指摘は、これに前後する子どもたちへの痛ましい犯罪の連続的発生によって実証されていくことになります。

日本の都市において、子どもたちをめぐる犯罪の危険の急激な展開と、国民各階層での自覚の高まりは、新しい課題を顕在化させてきました。それは、〝子どもたちの環境が大変危険になってきていることは判った。では、どうしたらこうした環境を改善することができるか〟という新しい課題を浮き上がらせてきたのです。この新しい課題に答えるべく考え出してきたのが、ここに提案する「子どもを犯罪から守る」まちづくりの方法です。そして、この方法を一〇年にわたって実践してきた東京都・葛飾区の人々の積み上げてきた具体的な成果です。

「子どもたちを犯罪から守るまちづくり」というテーマから受ける印象は、決して楽しい響きをもつものではありません。まちづくりのテーマとしては、どちらかといえばマイナーな印象すら受けるテーマであります。このようなテーマは、問題にする必要がなければ、それに越したことはありません。しかし、現実には、まちづくりに避けて通れないテーマになりつつあるわけです。

しかし、「子どもたちを犯罪から守るまちづくり」を、楽しくはないが、避けられないが故に止むを得ないテーマとして取り組むことは避けたいものです。まちづくりは、夢のある楽しい活動でありたいものです。また、そうでなければ長続きもしないし、大きい成果を得ることもできません。したがって、このテーマを単純にマイナーなまちづくりに留め置かないで、夢のある楽しいまちづくりの活動として展開する方法が求められています。こうした点にも本書は心を砕いています。具体的には、このテーマをまちに散在する危険空間の発掘とその改善計画の策定を一方の柱としつつもこれに止まらず、もう一つの柱として地域コミュニティの再生を目標にしています。子どもたちの安全なまちづくりのためには、地域住民のコミュニティの再生を重要な条件とし、地域で支えあうコミュニティの再生・創造を求めています。即ち、子どもたちへの犯罪危険の急激な増加には、地域住民の日常生活でのコミュニティの急速な弱体化が大きく関わっていると考え、その再生・創造をこのテーマのまちづくりの重要な課題として位置付けているわけです。

地域コミュニティの再生・創造は、このテーマの重要な目標であると共に、活動の過程でも成長発展していくべく十分な工夫・配慮が必要です。即ち、このテーマのまちづくりに取り組むなかで、参加者が、子どもたちを犯罪から守っていくためには、地域住民のコミュニティが重要であることを自覚し、日常生活のなかでお互いに支え合う地域社会を共通の目標として夢に描きつつ、日常の活動のなかでも参加者同志がコミュニティを深め合っていくことができる工夫と配慮が必要なわけです。

子どもたちを犯罪から守るというテーマは、それ自体極めて重い内容をもつものではありますが、取り組み方によっては、実に楽しい夢のある内容をもったものでもあります。なぜならそれは、私たち日本人が、高度経済成長以降の生活の激変のなかで、すっかり忘れ去ってきたもの、人間同志が信じ合い助け合い支え合って生きていく、地域コミュニティの再生・創造というテーマを、不可欠のものとしているからであります。こうした点を基底にして、内容としてはずっしりとした重みをもつこのテーマを、正面から受け止めて、楽しく力強い取り組みが期待されます。

こうしたことを背景にして本書は作られていますが、具体的にこの活動の持つ特徴について以下の四点を挙げておきます。

①大人が中心になって子どもたちの安全な地域環境を作っていきます

この活動は、基本認識として「子どもたちは安全にして自由に伸び伸びと生活していく権利を持っており、大人社会はそれを保障する義務を持っている」という立場に立ちます。

子どもたちに過度な自己防衛をとらせたり、〝自分の身は自分で守る〟教育の強化といった立場には立ちません。即ち、自己防衛力を教育することを活動の中心には置きません。それはあくまでも二次的で限定的なものと考えます。大人達による子どもたちの安全な地域環境づくりを基本とし、そうした環境が直ぐには出来ない現状を踏まえて、必要最小限の自己防衛を求めていくことにします。その理由の一つは、子どもの安全を取り巻く今日の状況は、子ども自身が大きく変わったことに起因するのではなく、主として彼等を取り巻く地域環境の劣化に大きな原因があります。したがってこの状況の改善には大人社会が第一義的に責任を持つべきです。地域の大人達が先頭に立たずして、子どもたちへの安全教育を求める側に身を置き、実行するのも専ら子どもたちという状況は避けなくてはなりません。大人達こそ先頭に立って心と体を動かすべきなのです。この取り組みの中で教師が、〝自分達は地域の大人達に守られている。大人になったら自分達もそうするのだね〟といった子どもの声を紹介しています。大人になったらどんなことをするのかということを無言のうちに教えていく。次世代の地域の主体を育てていくとはこうしたことを言うのでしょう。いま一つの理由は、そもそも、加害者の多くは大人です。この現実を無視して、過大な期待を子どもたちにかけるのは現実的ではありません。効果を求め過ぎれば、子どもの人格形成に大きな影響を及ぼしかねません。子どもたちは何よりも次の社会を任せるべき主人公です。〝人を信じ、お互いに助け会う社会〟に向けて、現実を進歩させていけるよう育ってもらわなければなりません。そんな社会こそが最も安全な社会でもあるのです。行き過ぎた安全教育は木を見て森を見ない危険性を持っています。

②具体的な地域の危険場所からスタートします

この活動は、子どもたちから危険な目にあった場所を具体的に調査することからスタートします。子どもたちの理解と同意を前提に、彼等がこれまでにあった危険場所を教わり、そこを地域の大人達が見て回り、安全策を検討し、行政等の協力を得ながら改善していく活動が中心です。

現状では、子どもたちがどこでどんな犯罪危険に遇っているかという状況が把握されていません。パトロール等も、そうした状況の中で取り組まれているのが実情です。これでは具体的な環境改善に取り組むのは難しいわけです。子どもたちの理解と同意を前提に具体的な状況を把握することから始めなくてはならないわけです。

わが国よりもこうした事態が深刻な欧米では、様々な研究や手法が考えられています。そうしたものを援用して、〝見えづらい〟〝逃げやすい〟等、危険空間の一般的属性から地域の危険場所を推測する方法とは趣を異にします。実際に危険な場所はもっと複雑な要因が影響しており、一般的で抽象的な要素で具体的な場所を予測するのは難しく、実際には不可能に近いでしょう。単純な危険場所探しは、危険場所が持つ複雑な要素を見落としていくことになります。あぶり出された場所が本当に危険なのか不確かなだけでなく、その場その場に適した有効な対策の検討も難しいでしょう。もちろん、過去に危険だった場所で犯罪が起こるとも限りません。どんな方法も完全ではありませんが、「沢山の子どもたちを調査の対象にすることによっておよそ地域の危険場所は把握できる」という考えで、この方法の弱点は補完できると考えています。

こうした点を踏まえて、この活動では、子どもたちが危険な目にあった具体的な場所からスタートします。

③子どもたちのプライバシーや被害者保護の視点を大切にします

子どもたちから犯罪被害の状況を調査するということは、子どもたちのプライバシーや被害にあった子どもへの充分な配慮が必要です。アンケート等の配布や回収にあたって、集計や、処分にあたって、充分に記入内容が保護されること。記入にあたっても教室等で一斉に書くことが無いよう心掛けると共に、不記入の自由についてもきちんと説明する等の配慮をします。

また、子どもたちに調査の目的をきちんと説明することで、彼等もまたこの活動の参加者なのだということを伝えていきます。こうしたことを踏まえれば、多くの子どもたちの理解と同意は得られるものです。被害にあった子どもたちにも〝自分が悪いのではない。加害者を許さない〟といった気持ちへと変わっていってほしいものです。必要に応じてその為のケア等の支援も考えておきます。

④ 防犯活動に止まらず、安全で楽しいまちづくりを展望します

この活動は、子どもたちを犯罪の危険から守る取り組みから始まりますが、必然的に安全で楽しいまちづくりへと発展していく道筋を持っています。何故ならば、子どもたちが犯罪の危険にさらされるという地域の実態は、地域そのものの崩壊・劣化と表裏一体であるからです。建物はそれぞれが自己完結化を深め、街を構成する役割を放棄してきています。街は個々の住宅や施設が集まって作られるものです。したがってこれらの建物等はそれ固有の機能と共に街の中で果たすべき機能もあるのです。例えば、最近顕著なマンション等のオートロック化はマンション自体は安全になっても前面の道路等との関係は劣化します。マンションの子どもたち

はマンションの敷地内だけで生活するわけではありません。街の道路を使って学校や遊びに出かけます。その子どもたちを見守っていく役割が沿道の建物等にはあるわけですが、そうした役割は大きく劣化してしまいます。建物等の二つの機能、建物固有の機能と建物の街を構成する役割、前者の肥大化と伴に後者の劣化が街を危険にしてきているのです。いま一つは、そこに住む人間も孤立化しバラバラの様相を深めています。地域などなくても生きていける。そこまで辿り着いているのかも知れませんが、そんな大人を前提にしては、地域を生活の基盤とする子どもたちの安全は守れません。建物や施設、そして人間、この両者の孤立化が子どもたちの危険な状況を作り出しているのです。建物と建物が、人間と人間が関わりあって〝絆〟を取り戻していくことなくして、子どもたちに安全な街を取り戻すことは出来ないのです。したがって、この活動は防犯活動に止まることはできないのです。それは必然的にまちづくり活動へと発展していくものなのです。

2 解決すべき課題は何か

犯罪の危険から子どもたちを守るためには、対策の前にまず、如何《いか》にしてそうなったのかという要因を検討する必要があります。要因を検討し、それらを取り除く方向で、対策は考えられないと科学的とは言えないし思い付きの域を出るものではありません。

要因は基本的に、二つの視点から検討する必要があります。一つは、犯罪そのものが如何にして多発するようになったかということです。ここを検討し、犯罪者そのものを減らしていく対策が必要であります。そしてこれが最も肝要な視点です。そのためには、私達一人ひとりの生活の仕方や考え方、社会や経済のあり方といったことからの検討が必要になります。しかしこれは地域や自治体レベルで取り組むには大きな限界があり、主として社会全体・国政レベルが中心になる課題であります。

二つ目の視点はこうした状況を踏まえた上で、当面する犯罪の危険から子どもたちを守る対応策の検討です。前者が問題の根本的解決策とすれば、後者は当面の対症療法策であります。

ここにこそ地域や自治体が中心になって果たさなくてはならない当面の役割があります。

このような問題意識の基に、地域や自治体レベルで何が必要なのかという点について、検討します。即ち頻発する犯罪に対して都市はいかにかくも脆いのかを考え、その対策について検討します。

第一の要因は、子どもたちの日々の生活空間が「犯罪など起こらない」という前提で造られてきていることです。学校も公園も通学路も団地も、そこで犯罪など起こらないという前提で造られてきました。せいぜい泥棒対策ぐらいで、身体に直接危害が加えられる犯罪など想定されていないのであります。安全神話の上にドップリと胡坐をかいて日本の都市空間は造られてきたのです。したがって、犯罪が頻発する社会状況を迎えて、地域のあちこちに危険空間が表出してきているのであります。こうした状況の変化を踏まえて、子どもたちの日々の生活空間を点検し改善することが必要になってきているのです。

第二の要因は、大人の姿が昼間見られない地域が都市・農村を問わず、国土に蔓延してきていることです。駅前やショッピングセンターや公共施設等、特別の場所を除けば、住宅はあるのに昼間住民の姿を戸外で見かけられない地域が広がっています。

そこをトボトボと子どもたちだけが下校してくる。居住者の姿が見られない地域では、登下校や塾や遊びに出かけていく子どもたちを守ることなど出来るわけがありません。昼間居住者の姿が見える街を再生していくことが求められているのです。そのためには、子どもたちと共に地域を生活の拠点とする高齢者の参画が、まず、何よりも求められています。こうした点では、彼らによる様々な活動が展開されています。この活動が抱えている問題は「継続」というテーマです。そのためには、これらの活動を防犯の奉仕活動から、高齢者自身の要求に根差して、彼らが楽しく戸外へ出て来るまちづくりの活動へと発展させていくことであります。高齢者の姿が地域のあちこちに見られるようなまちづくりを地域社会全体の課題として取り組むことが求められています。この他にも、地域の商店や町工場や農業などを元気にしていくことも必要になっています。昔から、交番だけが子どもたちを守ってきたのではありません。商店や町工場、農地さえも、地域の大切な安全施設でありました。これらが音を立てて崩れてきている現状には改善が必要です。

第三の要因は、子どもを育てる地域コミュニティの衰退です。私達は、戦前の封建的コミュニティを嫌うあまり、バラバラになっています。個人の人格の尊重の上に立った民主的コミュニティをつくりえていないのです。今日では足もとの地域社会など無くても生きていけると考える人も少なくありません。しかし、多くの子どもたちは地域の学校に行き、地域の友達と、地域で生活しているのです。そしてそこが危なくなってきているのであります。それなのに大人達がそこに関心を示さないとすれば、子どもたちにとって大変危険な地域ということになります。地域など不要——そうした生き方では、自分の子どもすら安全に育てることが出来ないという現実に、そろそろ気づかなければならない時なのです。地域で子どもを育てるコミュニティの構築が求められていると言えましょう。

第四の要因は、住民と行政の関係の未成熟さです。子どもを犯罪の危険から守る中心は、彼らと生活を共にする地域住民であります。しかし、そこから出てくる様々な対策を実現するには、財政や権限の面で、行政や警察の参画が必要です。したがって、この両者がお互いに相手の立場を尊重しつつ、対等平等な形で協力し、それぞれの役割を果たしてこそ、安全なまちづくりは可能になるのです。違う思いで別々に取り組んでいたのでは多くの成果を期待することは出来ません。残念ながらわが国では、こうした両者の関係は未成熟といえます。両者が相互理解を深め、協働する関係を成熟させる取り組みが必要になっています。

犯罪から守られた安全なまちをつくっていくということは、これらの四つの要因をふまえて総合的な対策を立てていくことだといえます。ここに提案するまちづくりの方法には、そうした視点が求められます。

3　基本単位をどこに置くか

「子どもたちを犯罪から守るまちづくり」の活動を始めるにあたって、その中核となるコミュニティをどこに求めるのかということが問題になります。もちろんこのまちづくりの活動は、個人の有志から始まってもいいし、子ども会や町会（自治会）から始まってもかまいません。どこからスタートしてもいいわけです。しかし、活動の性格からして、もっとも理想的な基本単位となるコミュニティはどこになるかを検討しておく必要があります。

私たちの生活している空間には全て、それに対応するコミュニティが存在します。それぞれの空間は、それに対応するコミュニティの意向と賛同を基本として維持・改変されていくものであり、この意味ではコミュニティこそそれに対応する空間の統治者であります。住民自治の発達の遅れているわが国では、こうした考え方は未だ十分ではありませんが、近い将来の目標とすべき姿であります。

自宅のリビングやダイニングの家具の一部を移動しようとしても、個人の意志だけで変えることはできません。家という空間には家族というコミュニティが対応しており、家族の同意なくして、リビングやダイニングの改変はできません。個人の意志だけで改変可能な空間は個室だけであります。個室には個人が対応し、家には家族というコミュニティが対応しているわけです。このようにして、町会（自治会）の班域、町会（自治会）域、小学校区、中学校区、……市町村域、……といった具合に地域住民の生活領域は空間的に広がっていくわけですが、この空間のそれぞれの段階で、町会（自治会）の班、町会（自治会）、小学校のPTA、中学校のPTA、……市町村、……といったコミュニティが対応しています。コミュニティの方からみれば、それぞれのコミュニティの広がりに応じて、対応空間が存在しているともいえます。空間からみてもコミュニティからみても、どちらからみても良いのですが、大切なことは、空間とコミュニティには対応関係があり、それぞれの空間段階で、統治者として、それに対応したコミュニティが存在するということであります。ここで少し断わっておかなければならないことは、例としてとりあげたコミュニティは、住民が或る地域に居住すると、半ば自動的に参加を求められるものばかりであります（町会・自治会やPTAは本来自主的参加を前提とするものでしょうが、そのことはここではとりあげません）。

コミュニティにはこの種の他に、地域でのサークル的活動や生活協同組合や環境問題等に取り組む住民運動等といったものも存在します。こうした新しいコミュニティは、従来のコミュニティに対して、活動の目的もはっきりしており、日常活動も活発なものがあります。しかし逆に活動の目的が限定されていたり、活動の参加者も限られた人々が中心で、地域住民全体への広がりという点では不充分さをもっています。

「子どもたちを犯罪から守るまちづくり」という活動は、扱う問題も他方面にわたり、地域全体を対象としたものであり、こうした性格からして従来型のコミュニティを基本とすべきといえます。もちろん従来型のコミュニティを基本としつつ、活動的な新しいコミュニティの積極的な参加をも促すような複合的な運営が理想的だといえましょう。

まちづくりの活動の基本単位とすべきコミュニティを決めていくには、二つのベクトルが必要です。

一つのベクトルは、住民自身が〝自分たちのまち〟として自覚できるかどうかということです。〝俺達のまち〟という、統治者の一人としての自覚のもてる範囲の広がりはどこかということです。もう少し具体的に表現すれば、子どもたちから示されたそれぞれの犯罪危険箇所について、その改善策を検討する時に、地形や周辺の建物や道路状況といった空間の姿や、周辺に住んでいる何人かの人間の姿を、具体的にイメージできる範囲はどこまでかということです。これを「空間の認知度」といってもよいし、コミュニティの帰属意識（度）といってもよいと思います。地域住民が中心になってつくっていくまちづくりの計画であり、活動なわけですから、まず何よりも住民自身が〝俺達のまち〟として日常的に認知できることが重要なわけです。こうした視点からみれば、コミュニティの単位はできるだけ小さい方がいいわけです。コミュニティの単位が大きくなればなるほど、〝俺達のまち〟として認知できる程度は弱まっていくのが一般的なわけですから。まず、このことをおさえておきたいと思います。

もう一つのベクトルは、地域課題を解決していく適切さという点からの検討です。これを「地域課題の解決力」といっておきます。子どもたちを犯罪から守る活動のなかでも、解決を迫られる様々な地域課題が出てきます。そうした地域課題を解決していくためには、コミュニティはどれくらいの範囲が適切かということです。少し具体的に考えてみます。例えば、自動車の絡む犯罪から子どもたちを守るためにガードレールの設置を計画しても、それが町会の範囲に止まっていて、隣の町会域でガードレールが途切れているようでは余り有効とはいえません。外灯の設置やパトロールの実施といった課題も同じです。こうした場合、できるだけコミュニティの範囲を大きくした方が、問題はより効果的に解決されていくわけです。「地域課題

■ 地域空間とコミュニティの関係

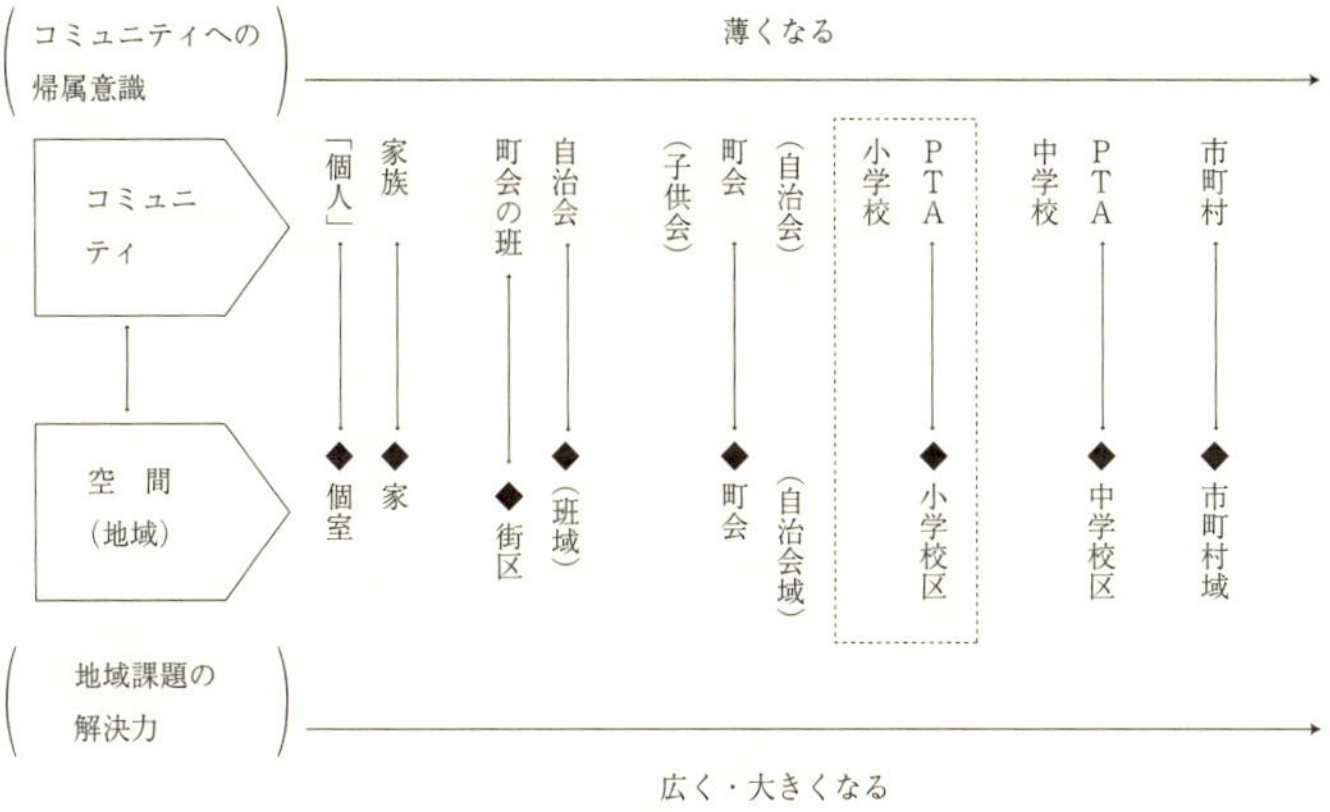

の解決力」という視点からみれば、コミュニティの範囲はできる限り大きくとった方が、問題はより抜本的に解決されていくことになります。

まちづくりの活動の基本単位を決める「空間の認知度」と「地域課題の解決力」という二つのベクトルは、まったく逆の方向を向いているわけです。「空間の認知度」のベクトルは、コミュニティが大きくなればなるほど希薄になり、より小さいコミュニティを求めています。「地域課題の解決力」のベクトルは、コミュニティが大きくなればより強い力を発揮でき、できるだけ大きいコミュニティを求めています。あまり小さいコミュニティには拒否反応を示しています。このような全く逆方向の二つのベクトルの、どこに調和点を求めるかということが、まちづくりの基本単位を決めることになります。即ち、住民が〝俺達のまち〟とある程度はっきりと自覚でき、そこから起こってくる地域課題をある程度きちんと解決できる、そうしたコミュニティ（空間）の広がりはどこかということです。結論的には、この基本単位は小学校区だといえます。まず、住民が〝俺達のまち〟として自覚できるコミュニティの許容範囲はどこまででしょうか？　この許容範囲は小学校区を超えると極端に低下します。多くの大人は子育てを介して地域を理解していきます。運動会や授業参観やＰＴＡ等の活動のなかで、また、子どもの友達の存在を通して大人達は地域を認識していくのです。これが、今の日本の現状では、もっとも一般的な、大人達の地域を認識していくプロセスといえます。これが可能な範囲は、小学校までで、中学校になると、大人達がその校区全体の空間の姿と人間の姿をおおよそ認識できる範囲をはるかに超えてしまいます。即ち、〝俺達のまち〟としての自覚が急激に低下するわけです。「空間の認識度」からみても、コミュニティの帰属意識からみても、小学校区がまずは許容範囲と考えられます。では、「地域課題の解決力」という点からみた時に、小学校区には妥当性があるのでしょうか？　町会や自治会では、地域課題への対応という点で極めて不充分であることは既にふれたわけですが、この範囲を小学校区にまで広げてみると、相当の地域課題に対応が可能ということができます。即ち、様々な地域課題に小学校区で改善策を考えれば、かなり有効な対策になり得るということです。もちろん全ての地域課題がこの段階で対応可能という訳ではありません。その範囲を超えるものについては、基本単位が連係して、中学校区や市町村レベルでの解決を求めていくことになります。

以上の二つのベクトルの調和点として、子どもを犯罪から守るまちづくり活動の基本単位を、空間上では小学校区とし、中心となるコミュニティとしては小学校のＰＴＡ（或いはＰＴＡも含む地域の子育て組織）とします。また、このまちづくりの活動が、犯罪危険箇所を歩いて踏査するという性格上からも、小学校区が適当です。中学校区になると、歩いて踏査するには広過ぎて困難です。

このまちづくりの活動では、基本単位として小学校区が優れていることを述べてきました。しかし、これは、このまちづくりの活動に限ったことではありません。住民が中心になってまちづくりを進めていくという視点に立った時には、多くの課題について小学校区というのは活動の基本単位として重要な意味をもっています。小学校を単なる子育ての教育施設としてだけではなく、子どもの教育をも包含したまちづくりの中心として位置付けていくような発想が必要になっています。小学校区というのは、まちづくりの基本単位として、極めて重要な意味をもっていることを認識したいものです。

4　活動の基本構成

この活動は大きく分けて三つの段階を踏んで進めていきます。まず第一段階は「犯罪被害の実態を把握する——子どもたちから犯罪被害の実態を教わる」ことです。次に第二段階として「ワークショップで改善計画をつくる」ことに取り組みます。最後に第三段階の「実行計画づくり」へと進めていきますが、この段階で一度、行政や警察とも話し合いを持ちます。こうして「実行計画」が出来たら、その計画に従って地域の中の危険カ所を具体的に改善する取り組みを進めます。地域の様々な団体や個人が役割を分担し、年次計画に従って、行政や警察・消防等とも協働して、地域の危険カ所の改善を進めていくことになります。

各段階の取り組みについての基本的な役割を、まずは説明しておきます。その上で、具体的な取り組み方については、次章で詳しくすることにします。

第一段階は、子どもたちから彼等が日常的に地域のどこでどんな犯罪の危険にあっているのかという実態を調査するというか、大人の側から見れば教えてもらうということになります。この実態の把握がなければ有効な対策などとりようがないわけです。私がこうした研究を始めるきっかけになったのは宮崎事件（一九八八年、首都圏で四人の子どもが誘拐・殺害された事件。その後毎年のように、子どもが犠牲となる残忍な事件が、社会的に大きな関心となる。そうした一連の事件の引き金となった）ですが、四件の事件現場の一つに、計画的に作られた住宅団地の公園緑地があがってきました。それまで、過密なわが国の都市では、公園や緑地を作ったり残したりすることは〝無条件に善である〟と考えられてきましたが、その考え方に大きな課題が突きつけられたと思いました。「犯罪からの安全」という新しい視点が必要になってきていると痛感しました。そこで、まず手始めに警視庁と千葉県警を訪ね、「子どもたちの犯罪関係のデータを参考資料として見せていただきたい」とお願いしました（当時は使用目的とデータ管理に責任を持てば、今よりも遥かに協力的で、膨大な資料も見せていただくことが出来ました）。しかし、そこで扱われているものは、子どもがシンナーを吸ったとか、万引きしたとか、喝挙げしたとか、子どもが犯罪者として出てくる事件でした。犯罪者の逮捕を中心任務とする警察は犯人の側からアプローチするものであり、加えてわが国のこれまでの子どもの防犯対策は専ら非行対策であったことを考えれば、当然のことなのだと思い知らされました。しかし、私は「普通の子ども」

（どの子も分け隔てなく普通の子どもでありますが、ここでは犯罪を犯した子どもでないという意味で使用）が、犯罪の被害者としてどこでどんな形で犯罪被害に巻き込まれているのかというデータが必要だったのですが、そうした形でのデータの整理は警察にもきちんとはされていないのだということがわかりました。警察にもないということは、自治体を初めどのような公共機関にもそうしたものは存在しないと考えられます（最近では、犯罪発生時での危険の地域的共有化といった視点から、一部でこうした情報の整理や開示も見られるようになりましたが、被害者のプライバシーに関わることでもあり安易に広げていいものではありません。第三者による開示には課題も大きく、状況に大きな変化は見られません）。まず、こうした状況を前提にして、この活動は始めなくてはなりません。したがって、例えば大阪・池田小学校で衝撃的な事件が発生したりすると、全国各地で地域の安全パトロールの取り組みが始まったりしますが、暫らく続けると、活動がマンネリ化したり、その効果や意義に疑問が生まれてくるわけです。通学路だけが危ないわけではないし、登下校時だけが危険なわけでもないわけですから。地域のなかで子どもたちがどこでどんな危険な目に遇っているのかという実態がわからないままでは、有効な対策は打てないわけです（もちろん事件発生を契機に全国で一斉にこうした取り組みが起こることは、事件を真似する模倣犯を許さないという緊急的な効果は充分に考えられます。ただ、日常的な安全対策に発展させていくには、犯罪被害の実態の把握が不可欠だということです)。

そこでこの活動では、子どもたちから犯罪被害の実態を教えてもらおうというわけです。その為の調査を、大人の責任で被害者保護やプライバシー保護に配慮しつつ、子どもたちの理解と同意を基本にして実施します。これが活動の第一段階です。

第二段階では、子どもたちからバトンタッチを受けて、地域の大人達が中心になって走り始めることになります(第一段階では自分たちがうけた犯罪危険の実態を大人達に知らせる子どもたちが主役です。子どもたちはそのことを通して危険な環境の改善を大人達に託すわけです)。犯罪危険の実態は、一つは「犯罪危険地図」として地域の危険カ所を具体的に明らかにし、二つは各地点での被害時の状況を「アンケート調査個表」として纏《まと》めます。これによって、地域の危険な場所や、各地点での被害の中味、季節や時間、子どもの側と加害者側の様相が明らかになってきます。各地点の安全対策を検討するのに必要な情報が、調査を通して大人達に託されるわけです。地域の大人達が曜日を決め時間を決めて「犯罪危険地図」に示された危険カ所を一箇所一箇所見て回り、「アンケート調査個表」に纏められた犯罪情報を参考にしながら、何故危険なのかを考えて、必要な安全対策を考えるわけです。歩いて地域(前項で検討したように小学校区が基本単位）を回りながら各危険カ所の危険な要因と対策を考えるわけですから、なかなか時間の掛かる仕事です。小学校区の大きさにもよりますが三～四時間前後は見ておいたほうがいいでしょう。学区内を水筒持参でピクニックする覚悟と気持ちが必要かもしれません。しかしこのことはとても意義のあることです。自分の子どもたちが毎日暮らしている地域すら知らない保護者も少なくないのですから。そうした保護者を前提にしては、子どもたちを犯罪の危険から守ることなどとてもできません。まずは子どもたちの生活の基本である地域を知る。その上で、そこに潜む危険カ所を確認する。多くの地域の大人達がこうした経験を通して、日常生活の中で地域への関心を育て、子どもの生活に目配せを出来るようになるだけでも、地域の安全度は大きく前進するのです。各人でこの取り組みが完了したら、その結果を学校に持ち寄って、各危険カ所毎に皆の考えを出し合って検討し、地域で一つの計画案へと纏めて行きます。これを「環境改善計画」と呼んでいます。この第二段階の活動全体をワークショップといいます。地域の大人達が、子どもたちから託された犯罪危険の実態を元にして、彼等を犯罪の危険から守る地域環境の「改善計画」を、ワークショップで作り上げていくのが第二段階の活動というわけです。

最後の第三段階は、「環境改善計画」を実行に移すための「実行計画」を作り上げることです。「実行計画」とは「環境改善計画」で考えられた各危険カ所の改善策について「誰が」「いつまでに」やるのかということを具体的に決めたものです。「環境改善計画」がどんなに立派なものでも計画の立てっぱなしでは意味がありません。改善策に盛り込まれた様々な安全対策について、具体的に実現していくための推進体制とタイムスケジュールを決めていく必要があります。改善策の中味によって、住民一人一人が中心になること、町会・自治会や老人会やPTA等の地域組織が中心になること、自治体の公園課や道路課や教育委員会が中心になること、警察や消防等が中心になること等に区分されます。又これらの協働体制がポイントとなる場合もあるでしょう。まずは皆で討論して、こうした推進体制の素案を作っていきます。また、これと平行して、各改善策を仕上げていく時期を決めていきます。これは大まかに「今年一年ぐらいのうち」「三年ぐらいかけて」「将来的に時間をかけても」の三区分ぐらいで仕分けします。各改善策の中味によって、直ぐにでも取り組めることもあれば、少し準備が必要なこともあり、大きな予算が必要だったりして息長く取り組む必要のあることもあります。それらを区分していくわけです。こうして各改善策の推進体制とタイムスケジュールの素案が出来たら、自治体の関係部局や警察等を交えて懇談会を持ちます。そこでは改善策を進めていくための予算や規則等について、現状の説明や実現化への助言を得られることが住民には期待できますし、行政等にとっても地域住民の要求が具体的に把握できる、両者にとって極めて有効な成長の機会にもなります。こうして「実行計画」の素案は成案へと練り上げられていきます。

子どもたちにとって危険な地域の現状を訴える「犯罪危険地図」、地域住民が力を合わせてその現状を改善する目標としての「環境改善計画」、その実現化に向けての協働を呼びかける「実行計画」は、地域で発表会を開いたりして、広報していくことになります。

第２章

活動の具体的な進め方

5　子どもたちへの調査――「犯罪危険地図」をつくる

調査では、これまでに遇った犯罪被害の実態について、子どもたちから直接に調査します。調査票の内容からして小学校では四年生以上、中学校で取り組む場合は全学年を対象にします。したがって、三年に一度はこの調査を繰り返すことによって、全ての子どもたちがこの調査に関わって被害の実態を報告していくことになります。毎年繰り返してもそれ程大きな変化は見られませんので、子どもたちへの調査は三年に一度を原則にします。この調査は、二回目以降は、前回までの危険ヶ所が無くなったりそのまま存在していたりと丁度取り組みの成果の確認にもなります。

(1)　事前に準備するもの

調査票の配布に先立って次の様な物を準備します。

①アンケートの依頼文

アンケート調査の依頼を配布時に口頭で説明するとともに、子どもたち用の依頼文も配布します（次頁に例示。主催者の側で必要と考えた場合は、保護者向けの依頼文も作成し、配布します）。中味には「(2)アンケートを依頼する時の注意事項」を満たす必要があります（55頁参照）。

②アンケート票（A3サイズ）

アンケートの目的は、子どもたちに加えられる犯罪の有無や場所を尋ねるだけではありません。それぞれの犯罪の要因を検討し、対策を考える、その為の基礎調査という大きな目的があります。こうした目的の為には、以下のような事項を尋ねることになります。

「どんな被害か」

ここでは被害の有無だけではなく、どんな被害なのかについて尋ねます。大きく分けて〈粗暴犯……おどしや殴るといった暴力による被害〉〈風俗犯……主として性にかかわる被害〉〈窃盗犯……物を盗まれる被害〉のうちどの種の被害なのかを、子どもたち自身の判断で答えてもらいます。その上で、被害の中味を少し具体的に文章でも答えてもらいます。

① アンケートの依頼文の例

小学校４～６年の皆さんへ

〇〇小学校 PTA

「子どもを犯罪から守る」ためのアンケートの
協力のおねがい

PTA では多くの方々と協力して、君たちが学校の行き帰りや遊んでいる時などに、危ない目にあわない安心できる地域にするために活動しています。

そのために君たちから「これまでにあった危なかったこと」について教わることにしました。封筒の中のアンケートと地図に記入してください。

ただし、今はそのことについて答えたくないという人は答えなくてもいいです。

記入したアンケートと地図は封筒に入れて教室の入り口のダンボール箱に入れてください。学年全体で集めてかきまぜてから集計しますので、誰のものかは先生をはじめ誰もわかりません。

保護者と相談して記入しても、自分だけで記入してもどちらでもいいです。

(注)・アンケートはお家に帰って書いてください
・書いたら封筒にもどして、封をして出してください
・アンケートに書くことがなかった人も出してください
・アンケートは集計したあと PTA で責任持って処分します。
・〇月〇日までに出してください。

このアンケートに関する問い合わせ先
〇〇小学校 PTA
TEL　XXX-XXXX

※必要に応じて、アンケート票の漢字についてはルビを付けます。

「被害にあった時期は何時か」

対策を考える上で被害にあった時期は極めて重要です。場所は、季節や時間によって大きく姿を変えるからです。例えば、冬の五時と夏の五時では同じ場所でも様相は全く違います。同じ場所でも冬ならば暗さが要因になり街灯等が必要かも知れませんが、夏ならばまだ明るくて別の要因を考えた対策が必要です。また、夏ならば大きく茂る樹木が要因になり剪定《せんてい》等が必要になる場所も、その樹木が落葉樹なら冬には落葉しているわけで、別の要因と対策が考えられなければなりません。こうしたことを考えて質問項目を考えます。具体的には被害にあった〈年齢〉と〈月〉と〈時間〉を尋ねます。ここで〈年齢〉も聞くのは、この調査票が質問事項の内容からして小学校四年生以上に調査対象が絞られていることから、それまで（小学四年生になるまで）の子どもたちの状況を知る為です。調査対象児童の数年前の状況をも知ることで、調査対象外の小さな子どもたちの状況をも類推しようとするものです。

「被害にあった場所はどこか」

アンケート票では被害にあった場所を、公園とか道路とか駐輪場とかいった項目から選択させますが、これでは対策は検討できません。具体的な場所が特定される必要があります。アンケート票に住所を書くというのは無理がありますので、調査対象地域（多くは学区。学校選択制が採られていると対象地域が広くなりすぎて難しくなりますが、元々の基本となる学区の地図で進めます。学校選択制は学校と地域の関係にズレが生じ、地図の問題だけではなく、地域で子どもたちを守り育てていく取り組みは新しい困難を抱えています）の白地図を同封し、その上に場所をプロットするように指示します。

「被害時に子どもは何をしていたか」

どんな時に被害にあっているかを尋ねます。具体的には被害時の〈生活行為〉とその時の〈友達の人数〉を質問します。

「加害者はどんな人か」

最後に、子どもに被害を加えた加害者についても尋ねます。これも対策を考えるうえでは必要なことです。もちろん〈窃盗犯〉のように不在の時にあう被害については分からないことが多いのですが、〈粗暴犯〉や〈風俗犯〉のように、子どもに直接危害を加える犯罪がどんな人によって起こされているのかは対策を考える上で重要なことです。加害者は見かける人かどうかという〈認知度〉と〈年齢と性別〉を、具体的に質問します。

アンケート票は以上のような質問項目から構成されるのですが、これらの質問を単純に並べるわけにはいきません。例えば、質問1〈どんな被害にあったか――〉、質問2〈何歳の時か――〉、質問3〈何月の何時か――〉、等々とそれぞれの質問に対し単独で回答を求めるわけにはいかないのです。こうすると回答はしやすいのですが……。一人の子どもが複数回被害にあっていると各質問間の関連が必要になってきます。〈A〉〈B〉という二つの被害にあった場合、〈A〉の被害は何歳の時で何月の何時かといった関連が分かる必要があります。〈B〉の被害についても同様です。こうした課題に答えるには、アンケート票は各質問項目が関連して読み取れるように設計される必要があります。こうして出来たアンケート票を次頁に例示しておきます（こうしたことが要因になってアンケート票がやや複雑になり回答者の年齢が絞られているのです）。

③まち（学区域）の白地図

対象となる学区域が収まる白地図を準備します。縮尺は1／2500～1／3000で、道路、建物、公園の大きさや形がハッキリと読み取れるものにする必要があります。こうした地図は行政で都市計画白地図として作られています。それを市販している場合もあります。しかし、これは学区域毎に作られていません。多くの場合、行政区をメッシュ（等間隔）で機械的に区分して作られています。したがって、必要な箇所を張り合わせて学区域の地図を自分達で作る必要があ

NO.

質問《しつもん》（4） どこですか

それは、どこであいましたか。ひとつ選《えら》んで記号《きごう》で書《か》いてください。

あ、公園《こうえん》　い、道路《どうろ》
う、駐車場《ちゅうしゃじょう》　え、駐輪場《ちゅうりんじょう》
お、神社《じんじゃ》や寺《てら》　か、校庭《こうてい》
き、建物《たてもの》の中《なか》　く、田畑《たはた》
け、川《かわ》や川原《かわら》　こ、空《あ》き地《ち》
さ、山林《さんりん》
し、その他《た》（　　　　）

質問《しつもん》（5） その時《とき》、何《なに》をしていましたか

その時《とき》、あなたは何《なに》をしていましたか。ひとつ選《えら》んで記号《きごう》を書《か》いてください。

ア、そこであそんでいた
イ、そこで友《とも》だちとまちあわせていた
ウ、そこで休《やす》んでいた
エ、学校《がっこう》の登下校《とうげこう》の途中《とちゅう》だった
オ、買《か》い物《もの》の行《い》き帰《かえ》りの途中《とちゅう》だった
カ、塾《じゅく》や習《なら》い事《ごと》の行《い》き帰《かえ》りの途中《とちゅう》だった
キ、その他《た》（　　　　）

質問《しつもん》（6） その時《とき》、何人《なんにん》でいましたか

その時《とき》、自分《じぶん》もふくめて何人《なんにん》でいましたか。人数《にんずう》を数字《すうじ》で書《か》いてください。

質問《しつもん》（7） 相手《あいて》の人《ひと》はどんな人《ひと》ですか（相手《あいて》がわからない場合《ばあい》は記入《きにゅう》する必要《ひつよう》がありません）

見《み》たことのある人《ひと》ですか。一《ひと》つ選《えら》んで記号《きごう》で書《か》いてください。

あ、よく見《み》かける人《ひと》
い、たまに見《み》かける人《ひと》
う、見《み》たことがない人《ひと》
え、その他《た》
（　　　　）

相手《あいて》のおよその感《かん》じを一《ひと》つ選《えら》んで記号《きごう》で書《か》いてください。

イ、小学生《しょうがくせい》ぐらい
ロ、中学生《ちゅうがくせい》ぐらい
ハ、高校生《こうこうせい》ぐらい
ニ、大人《おとな》（男《おとこ》）
ホ、大人《おとな》（女《おんな》）
ヘ、高齢者《こうれいしゃ》
ト、その他《た》（　　　　）

い	エ	3人《にん》	い	ロ
け	キ（犬《いぬ》の散歩《さんぽ》）	自分《じぶん》ひとり	う	ニ
あ	ア	5人《にん》	え	ト

【3】子《こ》どもが犯罪《はんざい》にあわないで安心《あんしん》して遊《あそ》べるまちにしていくためにはどんなことが必要《ひつよう》だと思《おも》いますか。自由《じゆう》に意見《いけん》を書《か》いてください。

★どうもありがとうございました★

② アンケート調査用紙の例

【1】あなたのことについて、おたずねします。

(1)あなたは何年生《なんねんせい》ですか。＿＿＿＿＿＿年生《ねんせい》

(2)あなたの性別《せいべつ》に、○をつけてください。　(　)男《おとこ》(　)女《おんな》

【2】あなたが「被害《ひがい》にあった」、あるいは「被害《ひがい》にあいそうになった」犯罪《はんざい》のことについておたずねします。例《れい》と注意《ちゅうい》をよく読《よ》んで下《した》の表《ひょう》に書《か》いてください。

《注意《ちゅうい》》質問《しつもん》(1)で「ある」に○をつけたら、質問《しつもん》(2)(3)(4)(5)(6)(7)に進《すす》んでください。

質問《しつもん》(1) 被害《ひがい》にあったことがありますか	質問《しつもん》(2) どんな被害《ひがい》にあいましたか	質問《しつもん》(3) いつですか
あなたは、次《つぎ》のようなことにあったこと、あるいはあいそうになったことがありますか。あてはまるほうに○をつけてください。	(1)で被害《ひがい》にあった内容《ないよう》をすこし説明《せつめい》してください。なお、何回《なんかい》も被害《ひがい》にあったことがある人は、被害《ひがい》のひどいものから順番《じゅんばん》に3回分《かいぶん》まで書《か》いてください。	それはいつのことですか。例《れい》のように書《か》いてください。

「被害《ひがい》にあった」または「被害《ひがい》にあいそうになった」ことがある場合《ばあい》は右《みぎ》の項目《こうもく》「ある」に○をして、具体的《ぐたいてき》に記入《きにゅう》してください。

知《し》らない人《ひと》におどされたりなぐられたこと。または、おどされそうになったり、なぐられそうになったこと。 (　)ある ●→ (　)ない 質問《しつもん》(2)以下《いか》にすすんでください	例《れい》	腕《うで》をつかまれて金《かね》を出《だ》せと言《い》われた	11歳《さい》	12月《がつ》	午後《ごご》4時《じ》ごろ	
	あなたが書《か》く所《ところ》					
ちかんにあったこと。または、あいそうになったこと。 (　)ある ●→ (　)ない 質問《しつもん》(2)以下《いか》にすすんでください	例《れい》	知《し》らないおじさんに触《さわ》られた	8歳《さい》	5月《がつ》	午後《ごご》5時《じ》ごろ	
	あなたが書《か》く所《ところ》					
物《もの》を盗《ぬす》まれたこと。または、盗《ぬす》まれそうになったこと。 (　)ある ●→ (　)ない 質問《しつもん》(2)以下《いか》にすすんでください	例《れい》	おサイフを盗《ぬす》まれた	9歳《さい》	8月《がつ》	午後《ごご》1時《じ》ごろ	
	あなたが書《か》く所《ところ》					

質問《しつもん》(8)「まちの地図《ちず》」に、質問《しつもん》(4)で答《こた》えた場所《ばしょ》を例《れい》のように○△×で印《しるし》をつけてください。(赤《あか》エンピツまたは赤《あか》いボールペンで記入《きにゅう》してください)

おどされたり、なぐられたりしたところは○
ちかんにあったところは△
物《もの》を盗《ぬす》まれたところは×
で、それぞれ書《か》いてください。

ります（こうして出来た学区域の地図は学校側にも重宝がられるものです）。最近では、行政によっては行政区の地図をコンピュータに取り込んであるので、依頼すれば必要な学区域を取り出してくれる場合があります。この場合、調査側でわざわざ作る必要はありません。中学校で取り組む場合などは調査域が広くなり、地図が大きくなりすぎる場合があります。その場合には、地図を二枚に分割するなどの方法が必要です（配布時にそのことを子どもたちに説明しておくことが必要です）。また、農村部などではこうした地図が作られていない場合もあります。そうした時は住宅地図などで代用します。

④ 以上のもの（①②③）を入れる封筒

④ 封筒の表書きの例

> **「子どもを犯罪から守る」ためのアンケート**
>
> ・この中に入っているもの
> ① アンケートのお願い
> ② アンケート票
> ③ まちの地図
>
> ＊このアンケートはお家で書きましょう。書き終わったら、この封筒に入れて封をして、教室の入り口の段ボール箱に入れて置いてください。
>
> ○○小学校 PTA

この文言が封筒の表に刷り込まれていると便利です。

〈アンケートのお願い〉〈アンケート票〉〈まちの地図〉の三種類のものを入れておく封筒を用意しましょう。大きさはA４用紙が入る程度のものになります。出来れば封筒の表に例の様な文言が刷り込まれているといいです。なお、これら三種の印刷物は、自宅で紛失したりする子どもの再提出用や、結果の発表時の為に、数十部は余裕をもって印刷しておきたいものです。

(2) アンケートを依頼する時の注意事項

●アンケートの依頼文には次のような内容を盛り込みます

①調査の目的――子どもたちが地域で安心して生活できる為に、危険な場所を明らかにし、大人達が中心になって改善していくためのものであること。

②取り組む主体――調査を初め責任を持ってこの取り組みの中心になるのは誰かをハッキリ明記すること。

③記入・不記入の自由――調査の性格からして、今はどうしても答えたくないという子どもがいることも考えられます。そうした場合には答える必要がないこと。

④記入した中身についてはプライバシーの保護に配慮していること――アンケートはかき混ぜてから集計され、集計後は責任もって廃棄されること。

●アンケート配布にあたっての注意事項

子どもたちに配布するにあたって、配布者（学校側にお願いして教師が配布したり、ＰＴＡの担当者が直接教室に出向いて配布する）は、アンケート依頼文をつくるときに注意したことを踏まえて、同様のことを口頭で丁寧に説明します。教師にお願いする時は事前に職員会議等できちんと説明しておきます（繰り返しになりますが大切なことなので以下にまとめておきます）。

①調査の目的、取り組む主体
②その場で記入せず帰宅後記入すること
③今は答えたくない人は記入しなくていいこと
④記入したら封筒に戻して、〇〇日までに教室の入り口にあるダンボール箱に入れておくこと（この時、回収日時を指定します。目安としては配布後二日間程度とし、二日経ったら忘れている子のために催促を一回します。この時封筒を紛失した子には再度配布します。回収は無理強いはしないこと）
⑤ダンボール箱の封筒は全校で集めて学年毎にかき混ぜた後集計されるので各人の記入

したアンケート等は先生を初め誰にも特定できないこと
⑥集計の後アンケート等はＰＴＡが責任もって焼却等の処分をすること

(3) アンケート等の集計の仕方と注意事項

●集計時の体制

ＰＴＡ等の調査主体は担当者を固定し、責任体制をはっきりしておくこと（目安としては各クラス二〜三名程度）

●集計する手順

①学年毎に作業台を分けて作業します。学年毎に封筒を作業台に分け、配布数と回収数を確認し記録します。
②封筒は未開封のまま学年毎にかき混ぜます。
③封筒を開封し、一個一個次のことを確認します。何らかの記入があるものは「有効回答」とし、全く記入のないものは「無効回答」とし、「有効回答」は元の封筒に戻し

ます。

「有効回答」……「被害にあったことがありますか」欄の「ある」「ない」に○が付けられているもの／上記○の記入がないが具体的な被害等が書かれているもの／アンケートに記入はないが白地図に記入があるもの／自由意見が記入されているもの

「無効回答」……アンケートも白地図も全くの白紙のもの

この作業で極めて重要なことは、各封筒の中のアンケートと地図をバラバラにしないことです。したがって、アンケートの記入状況を調べる時は、アンケートだけを取り出してまとめてしまうようなことはせず、一つ一つの記入状況を確認したら、元の封筒に戻すことが必要です。地図についても同様です。

④「無効回答」の封筒はこの時点で以下の作業から除外します。即ち、「有効回答」のみ、「以下の作業」を行います（この内未記入の白地図については、地図の集計作業や「犯罪危険地図」づくりのため捨てないで残しておくと便利です）。

⑤「有効回答」の封筒からアンケートを取り出し、「被害あり」と「被害なし」と「自由意見のみ」に三区分して、また元の封筒に戻します。

⑥「被害なし」と「自由意見のみ」の封筒は、この時点で以下の作業から除外します。

「被害あり」についてのみ、以下の作業を行います（この内「自由意見のみ」については後で一括して纏める為に捨てないで残しておきます）。

⑦「被害あり」の封筒内のアンケートと地図に同じ通し番号を付けます。通し番号は最初の位が学年、次の位が性別（1男性、2女性、0不明）とし、それ以下通し番号とします。即ち、五年生の男子ならば、５１０１、５１０２……と続きます。六年生の女子ならば、６２０１、６２０２、６２０３……となります。性別に分けてから通し番号を付けていくといいでしょう。

　この作業が終わって初めて、アンケートと地図は封筒とおさらばし、それぞれ別々にまとめられます。しかし、両者の番号を符合させれば、何時でも必要な時に地図上の危険場所とそこでの被害時の状況を符合させて、具体的な要因や対策を検討することが出来るわけです。

⑧アンケートと地図は別々に集計します。作業を分担すれば時間も短縮できます。アンケートは統計的に集計すると共に、「アンケート調査個表一覧表」として各アンケートの回答内容が一覧できるように表にまとめます。「調査個表一覧表」は簡単に危険場所と被害時の状況を照合でき、次の段階のワークショップ等に大きな力を発揮しま

す。その事例を62～63頁に示しておきます。この段階で、自由意見は対策等を検討する時参考になるので書き出しておきます。

⑨アンケートの記入事項の修正をします

アンケート票では被害状況の事例を示して、〈粗暴犯〉〈風俗犯〉〈窃盗犯〉に大別されていますが、そこに記された分類はあくまでも子どもたちの判断によっています。大人の眼から見て修正した方が適当と思われる場合は修正します。例えば、女児で〝追っかけられた〟を〈粗暴犯〉として記入している場合、状況によっては皆の意見が〈風俗犯〉の方が強いと見ればそちらに修正します。修正した場合には、その箇所に赤色で印をしておきます。作業の途中で元に戻した方が良いと判断されることもあります。こうして直した場合には判別できるようしておくわけです。

⑩地図の集計……「犯罪危険地図」をつくります

一枚の白地図の上に各危険場所をプロットします。この場合、調査個表一覧表と番号を符合させつつ、〈粗暴犯〉は緑色、〈風俗犯〉は赤色、〈窃盗犯〉は黒色等々と分かりやすく色分けします。こうして出来上がったものを「犯罪危険地図」といいます。「犯罪危険地図」は三色でプロットされただけのものと、そこに通し番号がついたもかの二種類をつくります。前者は子どもたちをはじめ学校や自治会や警察等の各方面に注意を喚起する為に活用します。後者は危険場所を回って「アンケート調査個表一覧表」と対応させながら、被害時の具体的な状況を踏まえて対策等を検討する時にのみ活用します。その時の活用方法や注意事項については次項で触れることにします。

(4) その他の留意事項

① 保護者等からの被害相談の発生について

調査の過程で、子どもが被害に遭いながら打ち明けられず苦しんでいた状況を保護者が初めて知るということも考えられます（こうした事態は、これまでの調査では発生していませんが、可能性としては考えておく必要があります）。こうした事態が発生し、その相談がＰＴＡ等の調査の主体者側に持ちかけられた場合には、多くの自治体や警察には被害者へのカウンセリング等の対応が取られています。あらかじめそうした機関の存在を確認しておき、事態に直面したら、本人を初め関係者の了承のもとに、速やかに連絡が取れるようにしておきます。

【　　　　　　　　学校　平成　　年　　月調査実施】

き. 田畑　く. 川や川原　け. 空き地　こ. 山林　さ. その他
休んでいた　エ. 学校の登下校の途中だった　オ. 買い物の行き帰りの途中だった
え. その他
ホ. 大人(女)　へ. 老人　ト. その他

質問(3) いつ頃			質問(4) どこで	質問(5) 何をしていたか	質問(6) 何人でいたか	質問(7) 相手はどんな人		備考
歳	月	時間帯				見たこと	年齢	
9	8	15:00	あ	ア	5	い	ロ	
10	7	16:00	う	オ	1	う	ハ	
9	12	17:00	か	ア	3	う	ニ	
10	9	15:00	い	オ	1	う	ニ	
11	7	17:00	い	エ	2	い	ニ	
8	4	15:30	あ	ア	2	い	ニ	
11	10	16:00	い	キ	2	う	ニ	
11	9	16:30	い	エ	2	う	ニ	
9	5	16:00	い	オ	1	う	ニ	
8	6	15:00	あ	キ	2	う	ニ	
7	5	16:00	あ	ア	3	う	ヘ	
10	9	12:00	う	キ	1	う	ヘ	
8	6	20:00	い	イ	1	う	ニ	
9	7	15:00	い	オ	1	う	ニ	
8	5	17:30	い	エ	3	う	ト	

▼ アンケート調査個表一覧の参考例

アンケート調査個表一覧

質問(4)	あ. 公園　い. 道路　う. 駐車場　え. 神社や寺　お. 校庭　か. 建物の中
質問(5)	ア. そこで遊んでいた　イ. そこで友達と待ち合わせていた　ウ. そこで カ. 塾や習い事の行き帰りの途中だった　キ. その他
質問(7)	あ. よく見かける人　い. たまに見かける人　う. 見たことがない人 イ. 小学生ぐらい　ロ. 中学生ぐらい　ハ. 高校生ぐらい　ニ. 大人(男)

No.	通し番号 学年・性別・No.	在住年数	質問(2) 被害状況
1	6104	5	エアガンで撃たれそうになった
2	6105	5	お金を出せと脅かされた
3	6205	4	道を聞かれ、マンションの裏に連れて行かれた
4	6209	3	後ろから来た自転車の男にお尻を触られた
5	6211	2	おじさんに声をかけられた
6	6212	5	変なおじさんが痴漢行為をした
7	6214	5	下半身を見せられた
8	6217	4	友だちが体を触られた
9	5201	3	変な人に追いかけられた
10	5202	5	ズボンのチャックを開けていた
11	5204	3	変なおじさんに名前を聞かれた
12	5206	5	変なおじさんに連れていかれそうになった
13	4207	5	手をつかまれて連れていかれそうになった
14	4210	7	後ろから来た自転車の男にお尻を触られた
15	4212	2	変なおじさんに話しかけられた
16			
17			
18			
19			
20			

②警察等の情報の取り扱いについて

最近では、警察や行政等から、被害発生の状況が携帯電話等を通して広報される場合があります。こうした場所を「犯罪危険地図」に加えていくことも差し支えありません。ただし、こうした情報の広報には幾つか考えなければならない問題もあり、簡単に推奨できるものではありません（具体的には208頁を参照のこと）。危険カ所の情報取得の基本は、子どもたちの了承のもとの自己申告によることです。

③アンケート等の処分について

アンケートと地図の集計が終わったら、これらの最終処分を忘れないことです。PTA等の調査主体でシュレッダー等で責任もって処分します。ただし、途中で確認作業等で必要になる場合も考え、年間の取り組みが修了するまでは保管し、その後処分することにします。

6 ワークショップ――「環境改善計画」をつくる

この活動は全体を通して、ワークショップの考え方で進めるのですが、特に「環境改善計画」づくりはこの手法が基本になります。

最近では、様々な分野でワークショップという手法が活用されるようになって来ました。地域づくりの手法としては、わが国では、最初は農村部からスタートしました。四〇年ほども前になろうかと思います。しばし遅れて、それが都市の住民参加の手法として、まちづくりにも用いられるようになりました。

ワークショップとは、「ある共通のテーマについて参加者がそれぞれ自分の考えをまとめつつ、それを持ち寄って、全体で作業をしたり討論をしたりしながら、一つの結論を導き出していく」方法です。こうした物事の進め方は、ワークショップといわなくとも、わが国でも昔からおこなわれていたものです。

かつて日本では、〝まちづくり〟というと〝お上（役所）がやること〟という考えが中心でした。また、〝お上（役所）〟で作られる計画は、統計資料等を駆使した専門的な内容が中心で、住民の参画には難しさがありました。ワークショップはこうした状況を踏まえて、もっと住民が容易に参加できるまちづくりの手法として開発されてきました。こうした経過からも分かるように、広く発展途上国等でも活用され、特に文化的に進んだ方法というものではありません。

ワークショップの特徴として考えられるのは次のような点です。

①住民が主体的になって、まちを考えていくやり方です

②住民が〝自分達のまち〟と思える範囲で進めます（具体的には第三項参照）

③頭だけでなく自分達の五感を使って進めます

聴覚、視覚、嗅覚、味覚、触覚を駆使して地域をまわる。即ち、地域の様々な音を感じ取る、景色を読み取る、地域の臭いを嗅ぎ取り、地域に存在する色々なものを味わい、手で触れて暖かさや柔らかさを感じていきます。

④現地に行って考える〝現地主義〟を基本とします

机上で考えたり作業をすることを軽視するものではありません。ただ、必ず現地に出向くことが大切です。

⑤繰り返しが大切です

初めから良いものが出来るとは限りません。気楽に取り組むことが肝要なのに、余りそんなことを考えると気が重くなりかねません。何度もやっていると他人に刺激されたりして、良いものに出来上がっていくものです。

(1) ワークショップの進め方

ワークショップを進めていく具体的な手順は大よそ次のような流れになります。

① 参加者を募ります

できるだけ多くの人、様々な立場の人に呼びかけて参加していただくようにします。ＰＴＡ会員である保護者や教職員をはじめ、町会・自治会、老人会、商店会、子ども会育成会、民生・児童委員、更には行政関係者等に幅広く呼びかけることです。

② チームを編成します

一チームの人数は五人程度にします。人数が多すぎても統一行動を取るのが難しく、少なすぎてもメンバーの多様性に難があるので一チームは五人程度で編成します。チームの編成は様々な立場の人が混ざるように編成したり、お父さん達による夜間のチームが編成されても良いでしょう（無理ならばこうしたことにこだわる必要はありません）。

③ 各チームのチームリーダーを決めます

参加人数が把握できた段階で、チーム数が決まってきます。その段階で、チームリーダーになる人を具体的に決めておきます。チームリーダーはこの活動の中心になれる人達です。例えばＰＴＡで取り組む場合には校外指導部などの部員がこれに当たります。

④ チームリーダーを集めて、ワークショップの説明会を実施します

チームリーダーがこの活動の意義やワークショップの進め方を充分に理解しているか否かはとても重要です。きちんとチームリーダーの説明会を実施しましょう。そこでは、⑴の進め方の手順の他、⑵に示された事項について説明し、充分な理解を深めておきます。

⑤ ワークショップを実施し、各人が「環境改善計画」をつくります

当日は全体で集まって趣旨等を説明した後、チーム毎に集まって簡単な自己紹介をしてもらいます。その後リーダーから当日の手順や注意事項について説明を受け、地域の危険カ所に出かけていきます（まわるべき危険場所や順番、各地点で何をするかは次の⑵のところで説明されています）。一ヶ所毎に危険な要因と対策を考えて記入用紙に書いていきま

す。したがって、危険場所をまわり終わった段階で各人の「環境改善計画」が出来上がっていくことになります。

⑥チームの「環境改善計画」をつくります

チームで危険場所を回り各人の「環境改善計画」が出来たら、チーム全員で、危険場所毎に各人の考えた要因や対策を発表しあって、検討し、チームで一つの「環境改善計画」をつくりあげます。こうして出来た「環境改善計画」はチーム案として仕上げられていきます。その案には五人の知恵が結実していることになります。もちろん相対する意見が出たりもするわけですが、皆で検討する中で考えを纏め上げていきます。チーム案を纏め上げていく作業は別の日を定めて行ってもいいし、なかなか別の日が取れないようなら同じ日に、現地回りの後に行ってもよいでしょう。土曜日の午後などを活用すればそうしたことも可能です。チーム案の段階では、個人案の段階では検討してこなかった各改善策について、「いつまでに」「誰がやるのか」といった事項についても素案を考えておきます（あくまでも簡単な素案でかまいません。具体的には「実行計画」の段階で、行政等との懇談も踏まえた上で検討します）。

⑦地域の「環境改善計画」をつくりあげます

全体の責任者のもと、チームリーダーが集まって、各チームの「環境改善計画」を発表しあいます。それを元に地域で一つの「環境改善計画」へと練り上げていきます。この作業は全体の責任者を中心にして行います。この作業は日にちを改めて時間を取って行います。これで最終的な地域の「環境改善計画」の出来上がりです。

(2) ワークショップの留意事項

ワークショップを進めるにあたって留意する点について以下に何点か説明しておきます。

●当日までに準備すること

①回る場所とルートの決定

「犯罪危険地図」に示された各危険場所と「アンケート調査個表」とを照らし合わせて、被害状況を把握し、当日点検する場所を決めます。〝ここは問題がある〟という地点を選び出します。また、〈窃盗犯〉はとりあえず別にしておき、体に直接危害が加えられる〈粗暴犯〉や〈風俗犯〉を中心に点検場所を決めていきます（この活動は傷害や生命の危機から子どもたちを守ることを中心にしています。その意味では、〈窃盗犯〉は本人がその場に居ないときに加えられる犯罪であり、性格を異にしています。多くの子どもたちが自分の大切な物を盗まれながら大人になっていくことは別の意味で大きな問題ですが、ここでは特別問題になるもの以外は除外します）。

点検場所が決まったらそれらを回る順番を決め、当日のルートを決めていきます。また、点検場所が決まったらその地点の被害状況が「アンケート調査個表」から直ぐに読み取れるように書き出したり印を付けておくと現地での対応に便利です（これを「主な犯罪の状況」といいます）。

② **主催者が準備する物**

・**「犯罪危険地図」**（危険場所に番号の付いたもの）と**「アンケート調査個表」**は各チーム一対ずつ必要です。チームの数だけ準備します。

・危険場所で各人が記入する**「改善計画づくり」の用紙**（72頁参照）。「危険場所×参加者数」の数が必要です。若干の予備を見ておきます。

・**参加者への注意事項**を参加者の数に若干の予備をみて準備しましょう（73頁参照）。

・**チームリーダー用の注意事項**をチームの数に若干予備をみて準備しましょう（74頁参照）。

・**全体責任者用の注意事項**を数枚準備しましょう（75頁参照）。

改善案づくり《ワークショップ用記入シート》

（イ）どうして危険なのでしょう《要因》

（ロ）どうしたら安全になるのでしょう《対策》

主に誰がやるのか

・住民一人一人

・住民組織
（　　　　　　　　）

・行政
（　　　　　　　）課

・警察

・その他
（　　　　　　　　）

いつ頃までにやるのか

・１年ぐらいのうち

・３年ぐらいのうち

・５年ぐらい先

・その他
（　　　　　　　　）

（　　　　　　　　）学校　　（　　　　　　　　）チーム

▲「改善計画づくり」の用紙例

ワークショップ参加者用　注意事項

○各自の「改善案づくり」は他人と相談せずに、自分の考えで記入してください。

○改善案は、できるだけ具体的に書いてください。簡単な図（絵）や写真を使って示すなどの工夫もしてみてください。

○改善策には、いろいろな内容が考えられます。建物や樹木等の改善に関するもの、人の流れや自動車に関すること、周辺のコミュニティに関すること、大人や子どもの日常生活に関すること、警察や行政の活動に関すること……。いろいろな視点で、考えられることは何でもあげてください。

○チームでの発表会にも十分に時間をかけて、他人の意見を聞きながら、できるだけいい案をつくるためにリーダーに協力してください。

●ワークショップ全体の感想を書いてください。（リーダーに提出）

〔　　　　　〕学校（母・父・教師・子ども・その他【　　　　　】）

▲「参加者への注意事項」の用紙例

チームリーダー用　注意事項

○各チームに「まちの犯罪危険地図」「主な犯罪の状況」が配布されています。「まちの犯罪危険地図」の○内の番号と、「主な犯罪の状況」の○内の番号は整合しています（地図の①の所では「主な犯罪の状況」の①のような犯罪の危険が発生しているということです）。
地図の赤色の印は風俗犯、緑色は粗暴犯の危険箇所です。
以上のことをチームメンバーに最初に説明してください。

○各地点に着いたら、犯罪危険地図上の位置を示し、アンケート調査個表（主な犯罪の状況）に記入されている内容（被害時の状況）を口述してください。それらを参考にして記入するよう指示します。

○各地点をまわって各個人が「改善案づくり」の用紙に書き込む時には、他人と相談せずに記入するよう注意してください。

○各人の案を発表しあってチームの案をつくる時には、十分に時間をとって（少なくとも2～3時間）、よく話し合い、できるだけ具体的な案をつくるように心がけてください。

○チームの案をつくりあげる時には、個人の案の時にはなかった「主に誰がやるのか」と「いつ頃までにやるのか」という項目がありますので、そこもみんなで検討し、記入してください。

○「まちの犯罪危険地図」とアンケート調査個表（主な犯罪の状況）は全ての作業が終了後、責任者に返却して下さい。

▲「チームリーダー用の注意事項」の用紙例

ワークショップ全体責任者用　注意事項

○ワークショップの参加者全員に、事前（当日まで）に、次のことを必ず指示してください。

○エンピツまたはボールペン等の筆記用具、下敷（バインダーなど）を持参すること。カメラ等のある人は持参するとよいこと。

○フィールドワークのための水筒、汗ふき等を忘れないこと。軽装で動きやすいことと、両手が使える荷物や服装が望ましいこと。

○各チームの改善案がまとまったら、チームリーダーを集めて全体で各チームの案の発表会をおこない、それらについて十分に検討して、全体で１つの改善案を作成してください。
発表会での検討には十分に時間をかけ、できるだけ具体的な案をつくるように努めてください。

○全ての作業が終了したら、ワークショップに取り組んだ日程や点検箇所、チーム数、参加者数、参加者内訳等について記録しておいてください。

▲「全体責任者用の注意事項」の用紙例

●「改善計画づくり」の記入の仕方

①「どうして危険なのでしょう《要因》」について

・要因は、「犯罪危険地図」や「アンケート調査個表」から、各危険場所についての周りの建物や季節や時間等被害時の状況をチームリーダーからよく確認して考えます。

・参加者同士で相談したりすると同じものになってしまうことも考えられます。相談はせず自分の経験や五感を駆使して考えます。

・要因は一つに限りません。複数記入してもかまいません。

②「どうしたら安全になるのでしょう《対策》」について

・対策は出来るだけ具体的に書きましょう。場所や大きさやイメージが分かるようスケッチ等図示してもよいです。

・対策はどんなことでもよいので、ハードなことからソフトな対策まで、何でも書きましょう。

・個人で記入する時は、「主に誰がやるのか」「いつ頃までにやるのか」の欄は記入しなくてよいです。チームの案が出来た段階で相談して記入します。

●基本は、一人一人が考えた上で、参加者全員で練り上げていくこと

ワークショップというと集団討論・作業が主にイメージされがちですが、まずは参加者一人一人が、回った危険場所について、危険の要因と対策を考えることが大切です。その上で各人の考えを出し合い、討論で深めることによって、参加者の英知を集めた「環境改善計画」がつくられていくと共に、各参加者の現状認識や意識を高めてもいけます。この点を踏み外すと、テーマに集中できず、時には世間話に熱中して、この活動に主体的に関われない者が出てきます。ワークショップとは、各人の主体的参加の上に、集団討論によって内容を充実させ、各人も成長していくものであり、それを保障していく指示が必要です。

●子どもを守る地域の輪を大きく

既に述べてきたように、子どもたちを犯罪の危険から守っていく為には、地域の多くの人々が手をつなぎ、その輪を大きくしていくことが重要です。地域の危険場所を回って改善策を考えていくワークショップは、その意味からも大切な取り組みです。ＰＴＡの役員だけに止まるのではなく、多くの一般会員に参加してもらう工夫が必要です。またＰＴＡ会長や学校長から呼びかけて、地域のいろいろな立場の人達にも参加してもらいましょう。

子どもたちが巻き込まれ被害者になる事件が発生する度に、街の中にはそうした状況に危機感を感じ、何とかしなければと思っている人は沢山います。そうした人達に具体的に行動の機会を提供し、地域でつないでいく取り組みとして、ワークショップは大きな意味を持っています。

これまでの取り組みをとおして、普段は地域になかなか興味を示さないサラリーマンのお父さんが、ワークショップで足元の地域が子どもたち（もちろん自分の子どもも含めて）に思いのほか危険なことを知り、積極的に地域に関わるようになったといった報告もあります。ワークショップに参加し、実態を知る中で、人々の地域に対する見方・関わり方が変わっていくわけです。そうしたことが地域で生活する子どもたちの安全には大変重要なのです。

ワークショップには一人一人が真剣に取り組まねばなりませんが、危険場所を回る道中などにチームで世間話をしながら歩くのはとても楽しいことです。様々な立場の人々でチームを編成することで知り合いでなかった人が親しくなって声を掛け合う関係ができるという側面も大切にしたいものです。

こうした取り組みから、「環境改善計画」として取り上げられてきた《要因》と《対策》（ここでは［現状］と［改善］と表記）について図示化して紹介しておきます。

例1　公園の管理事務所

［現状］公園の安全確保に管理事務所への期待は大きいが……（現実は事務所の構造からして閉鎖的なものが多い）。

↓

［改善］・事務所の窓のポスターを壁面へ移動させる。
・開放的な構造に改築する。

例2　公園のトイレ

[現状]・園路をはさんで管理事務所から公園内のトイレを見る。
（公園内のトイレの安全確保は世界共通の課題である）

[改善]

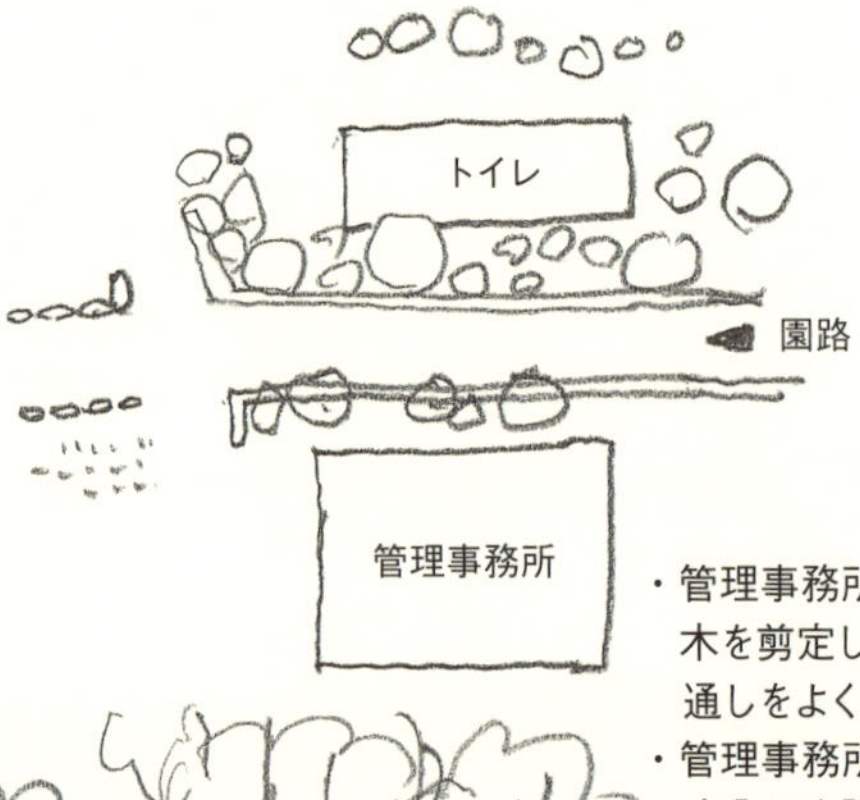

・管理事務所側の木を剪定して見通しをよくする。
・管理事務所側に出入口を設ける。

例3　小さい公園のトイレ

N- 公園

［現状］
・公園の道路との境界部分の植栽が茂りすぎて、公園内部がすっかりつつまれて外から見えない。
・トイレの周辺が危ない。

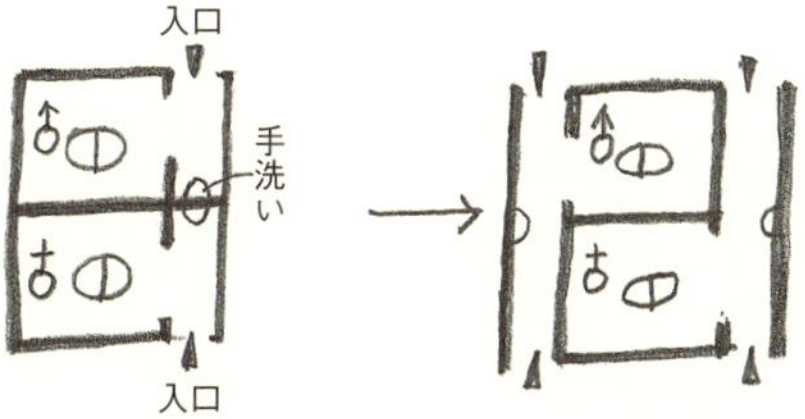

（現在）　　（改善）

［改善］
・トイレの出口を2方向にする。
・トイレの位置を道路側に移す。
・手洗いの明り取り窓のガラスをくもりガラスから透明ガラスにする。

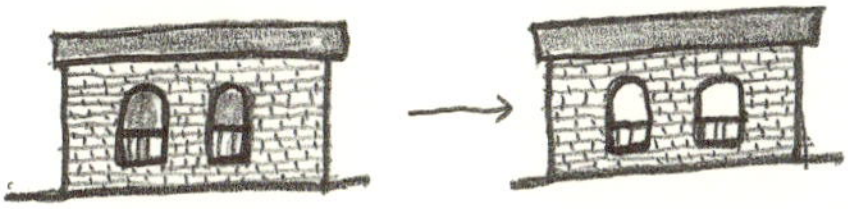

・低木を土盛りの下に移植する。

例4　大きい公園の内・外部

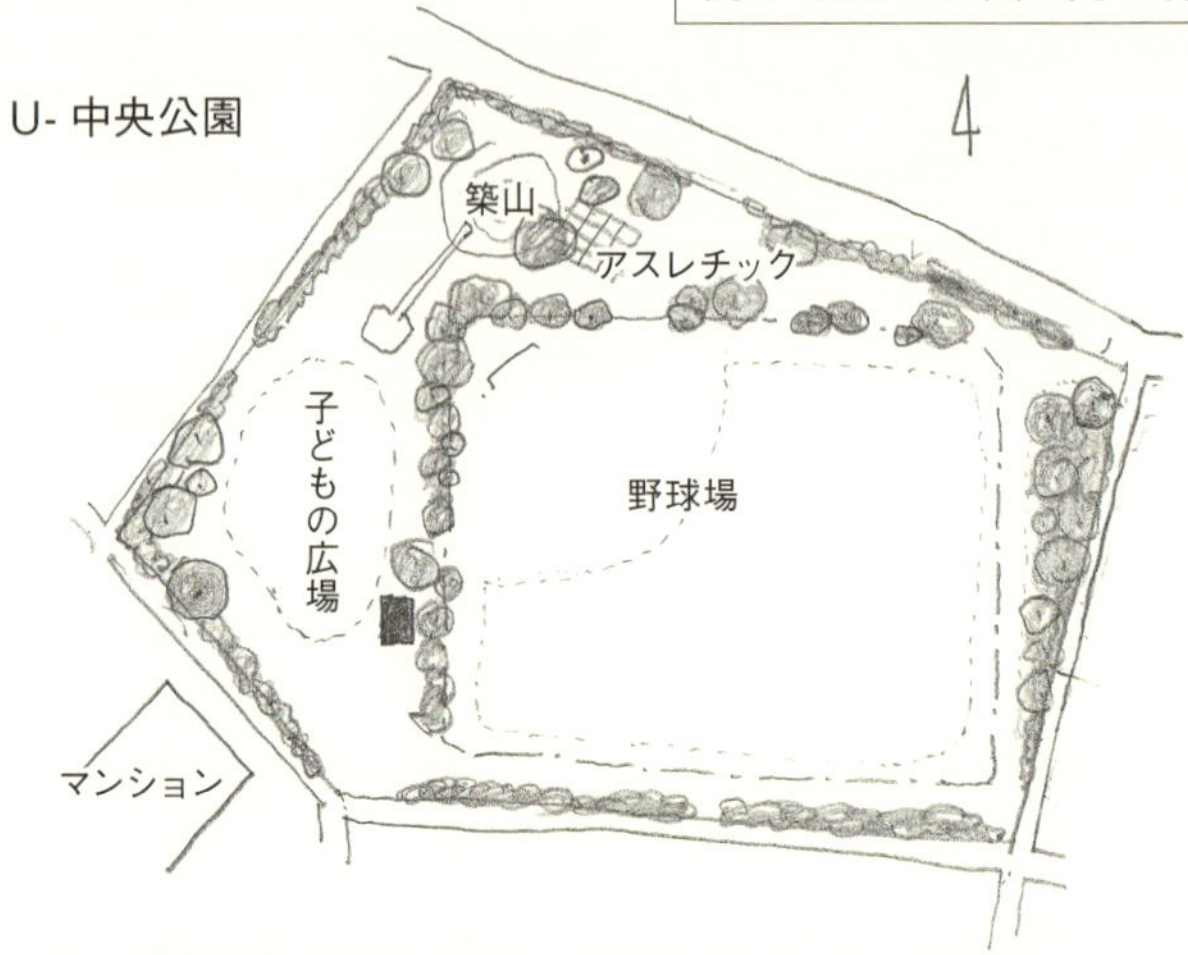

[現状]

・公園の北と東の外周道路に路駐の自動車が長く続く（禁止の看板はあるが…）。
・東側を中心に境界部の樹木が繁茂し過ぎで外周道路と公園内部の見通しが悪い。
・野球場の周辺の樹木が繁茂し過ぎて周辺で遊ぶ子どもたちとの視界を遮っている（特に「子どもの広場」の周辺）。
・築山からアスレチックの周辺が木も大きく暗い。

◀U- 公園東側の接動部の現状

[改善]

・路上駐車をなくす。
　・周辺自治会への周知
　・野球場利用者への周知
　・警察の重点パトロール
・接動部の樹木の剪定。

◀U- 公園の内部
（子どもの広場から野球場を見る）

[改善]
・子どもの広場と野球場の間の見通しをよくする（公園内の各空間はお互いに守り合えるような工夫が必要になっている）

◀U- 公園の内部
（アスレチックや築山周辺は樹木も大きく育ち、子ども達には魅力的な空間であるが危険も多い）

[改善]
・魅力的な樹木内遊具は生かして、公園に東屋をつくり、地域の熟年ボランティア等を派遣して…（これからの公園管理には有人化をすすめていくことが求められる。特に大きい公園には必要である）

例5　大規模集合住宅内のオープンスペース

K- 団地

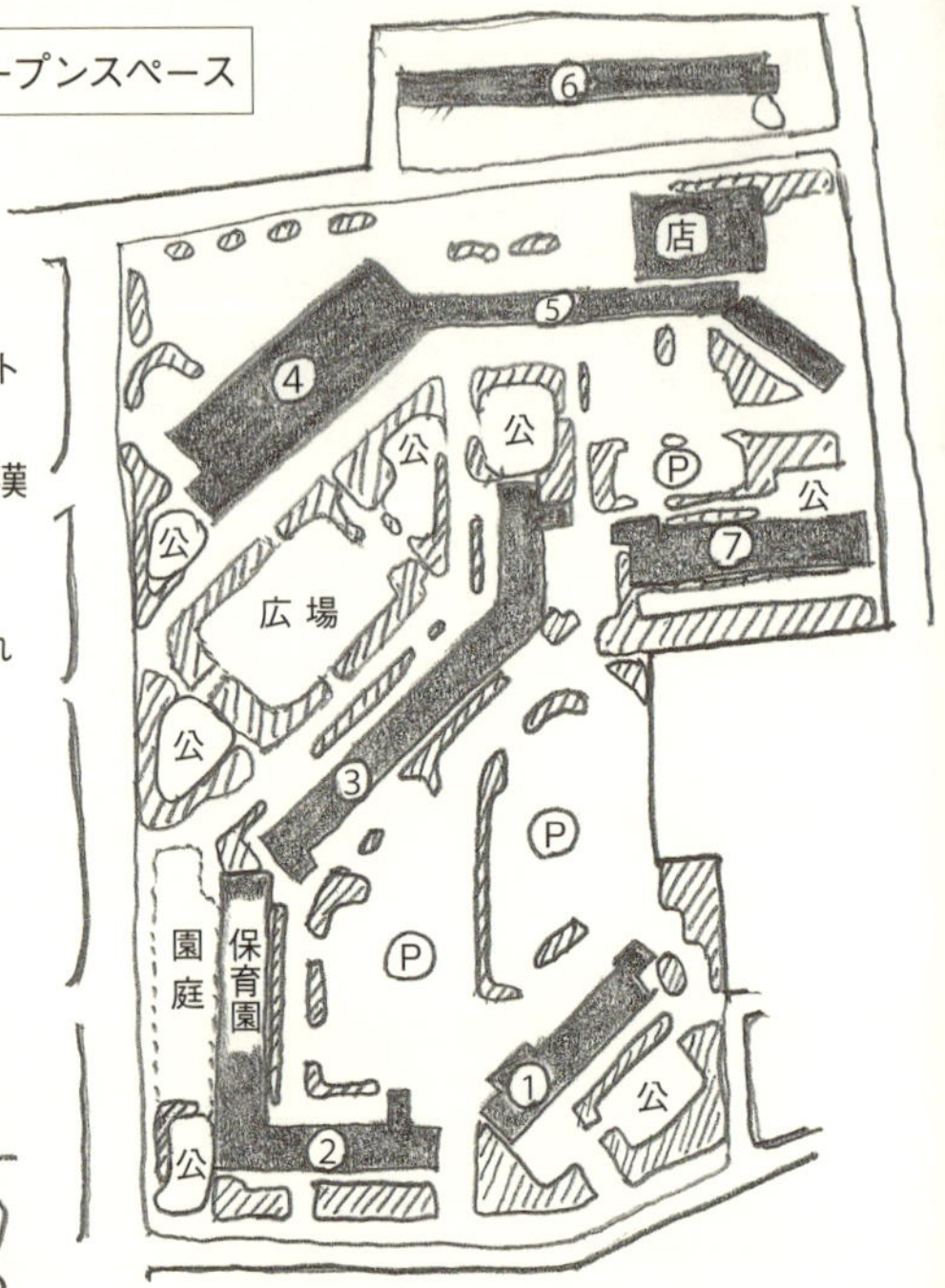

［現状］

- 各住棟に付設されたプレイロット（小公園）で犯罪多発。
  ①棟の南側の公園で複数の痴漢
  ②棟西側の公園で女児が…
  ③棟北側の3つの公園で痴漢
  ④棟西側の公園で追っかけられ
  ⑦棟北側の公園でおどされ
- 団地外周部の道路は団地側の樹木が育ちすぎて危険。
- エレベーター内外で犯罪発生。
- 築山からアスレチックの周辺が木も大きく暗い。

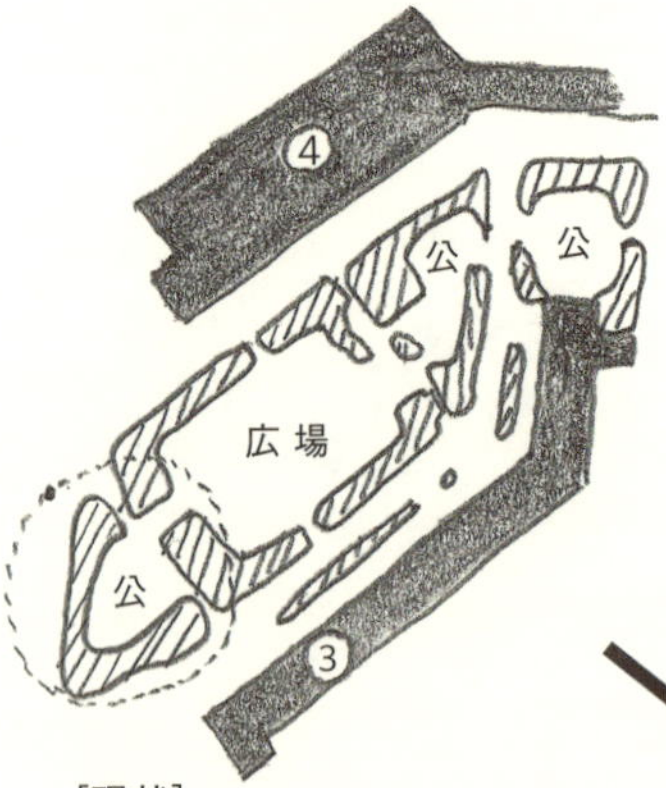

［現状］

各プレイロット（小公園）や広場が夫々に自立性を高めるために豊富な樹林で囲っている。

広場側よりプレイロット（小公園）を見る

団地内プレイロットの再編整備

［改善］

各プレイロット（小公園）や広場が見わたせるよう一体性をもたせる。各空間の仕切りは必要に応じて目線を大きく遮断しないものとする。

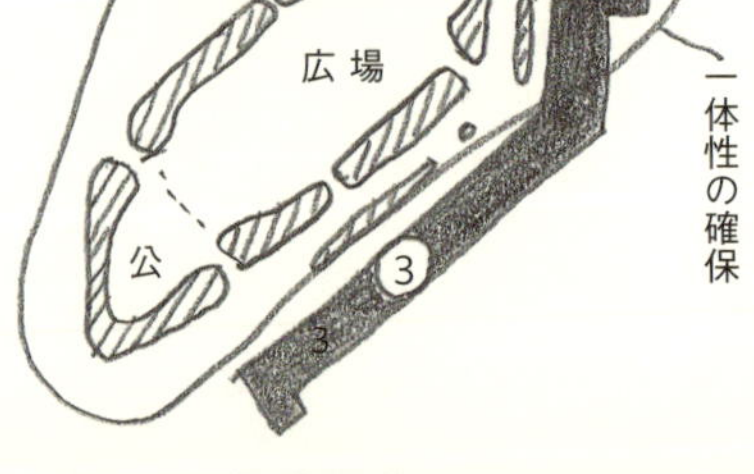

プレイロットと保育園園庭との一体性の確保

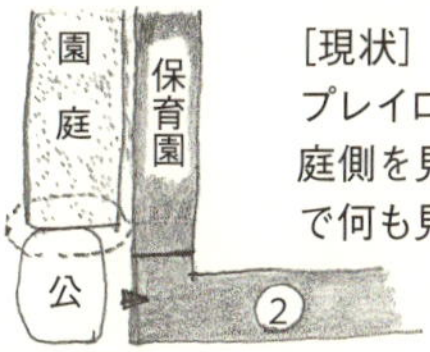

[現状]
プレイロットより保育園の園庭側を見る（コンクリート壁で何も見えず）

[改善]
プレイロットと園庭の間仕切りをコンクリート壁から見通しのよいものに変えて両空間の一体性を確保。保育園は隣のプレイロットで遊ぶ子どもを守っていく視点が必要。

プレイロットの園芸庭園化

[現状]
プレイロットの入口より内部を見る

[改善]
園芸サークルなどをつくって大人や子どもが一緒に楽しめる園芸庭園にプレイロットを変えていく。
プレイロットの他に、団地内にこうした園芸空間を増やしていく。

例6　集合住宅の入口周辺

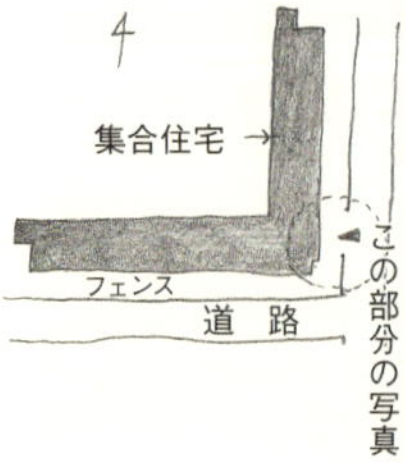

[現状]

・集合住宅の入口が道路に大きく開いており、両者の間に仕切りもない。
・入口の奥のエレベーターホールが暗い。
・入口周辺に自転車が乱雑に放置。

[改善]

・集合住宅と道路の間に空間的な仕切りがはっきりするように入口周辺の改善。
・エレベーターホール周辺を明るく。
・入口周辺の自転車の整理。

例7　公共施設を併設する集合住宅入口周辺

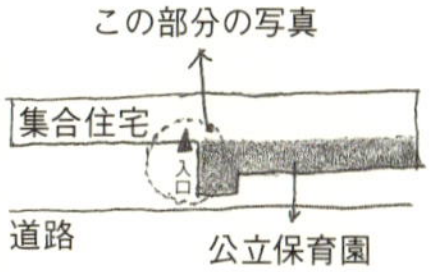

[現状]
・集合住宅（公営）の入口の南側に保育園の壁があり、入口周辺が暗い。
・入口周辺の自転車が乱雑。
・エレベーターホールが暗い。
・エレベーターの内部が外から見づらい。

[改善]
・保育園を一部改修し、入口周辺の壁を開放的な窓にする。
・スロープの手すりをもう少し低くする。
・自転車の整理。
・エレベータードアを透明ガラスにする。
・エレベーターホール、エレベーター内に監視カメラ設置。
・エレベーターホールの照明を明るくする。

例8　高層集合住宅内の公園

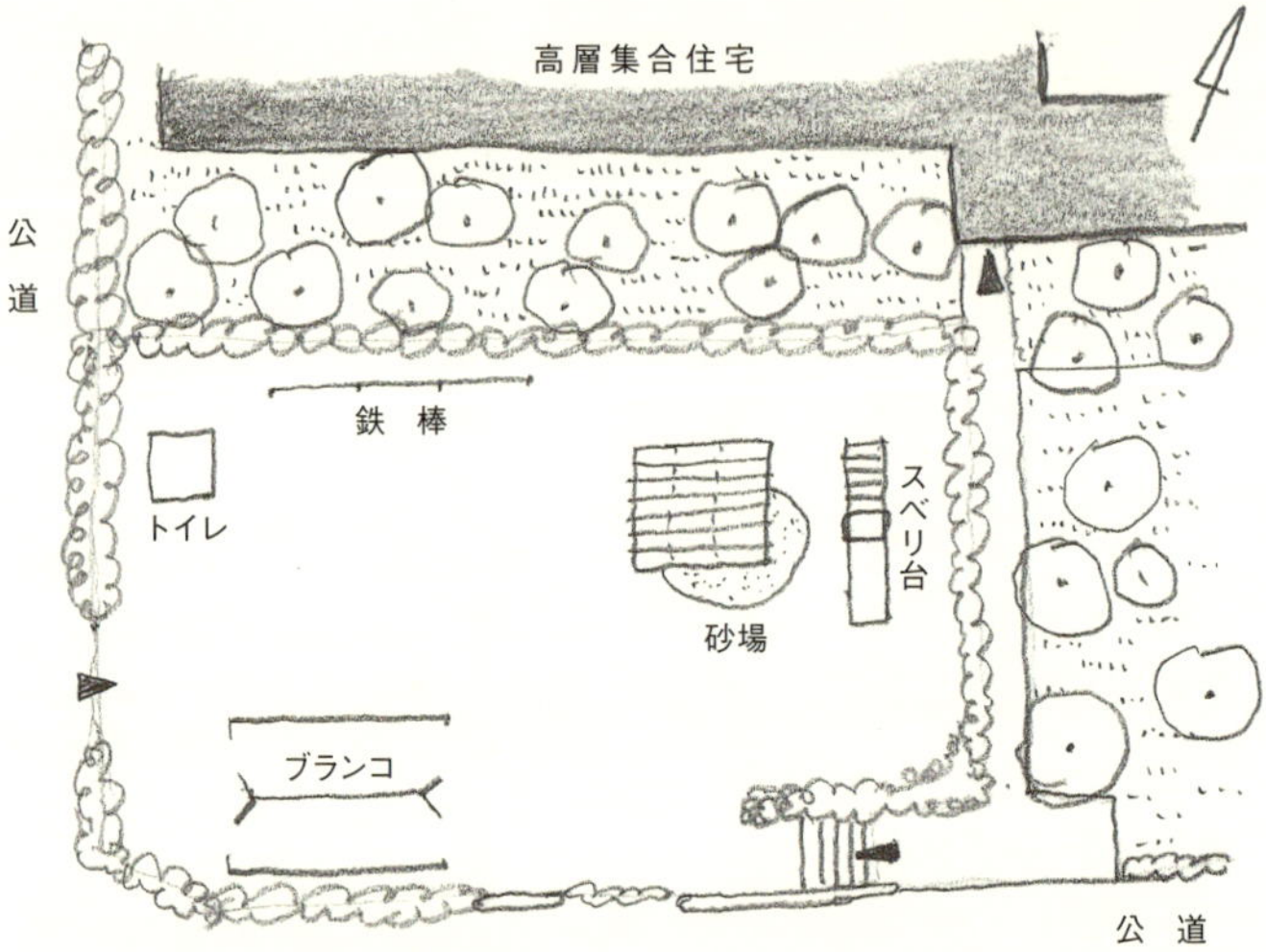

［現状］集合住宅団地の建設にあわせて作られた公園。住棟のベランダは開放的で、その南面の好位置に配された公園だが……。

［改善］

・公園より集合住宅を見る（公園の北側）。

（断面図）

・公園の東側は高層集合住宅の出入口への動線になっているが、境界部に2mをこえる生垣が続く。スベリ台、砂場周辺は危険。

・生垣を低くし（フェンスでも可）高木の枝をおろす。

・生垣を低くしバリアフリー化。

例9　境内の外周道路

（境内から外の道を見ると…）

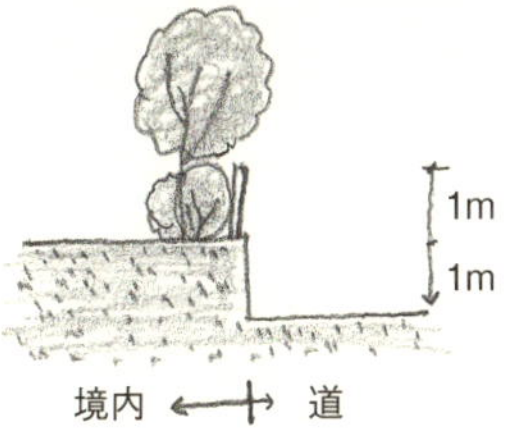

（断面図）

［現状］ 境界部の囲障のデザインによっては外周道路は危険。時には内部も危険。

［改善］ ツツジの剪定。場合によっては花壇に変える。

例10　小学校と外周道路

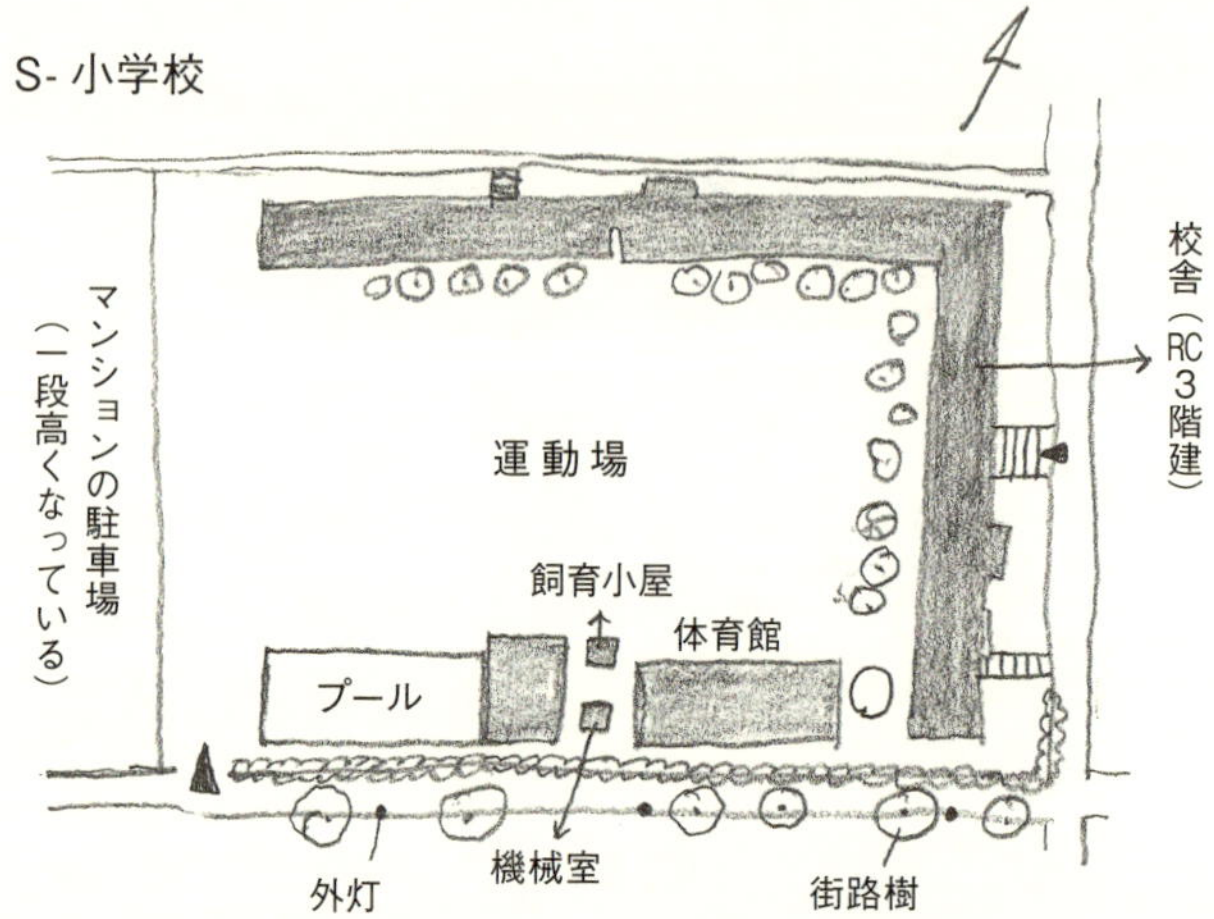

[現状]

・運動場は三面が学校の建造物で囲まれ、残り一面もマンションの駐車場（運動場より1m前後高く、日中は人影もあまりない）であり、周辺から目の届かない空間。

・東側校舎の一階に運動場に面して職員室があるが、前面に樹木が育ち過ぎ運動場の子どもが見ずらい。

・正門に至る通学路に並行してプール、飼育小屋、機械室、体育館、駐車場があり、通学路と学校の空間的な連なりが完全に切れている。従って両空間共に危険度が高まる。

・通学路の街路樹が大きく茂り、外灯の明りの障害になっている。

[現状]

・職員室から運動場の子どもたちが見えない

[改善]

・職員室前の樹木（柿）の下枝をおろす

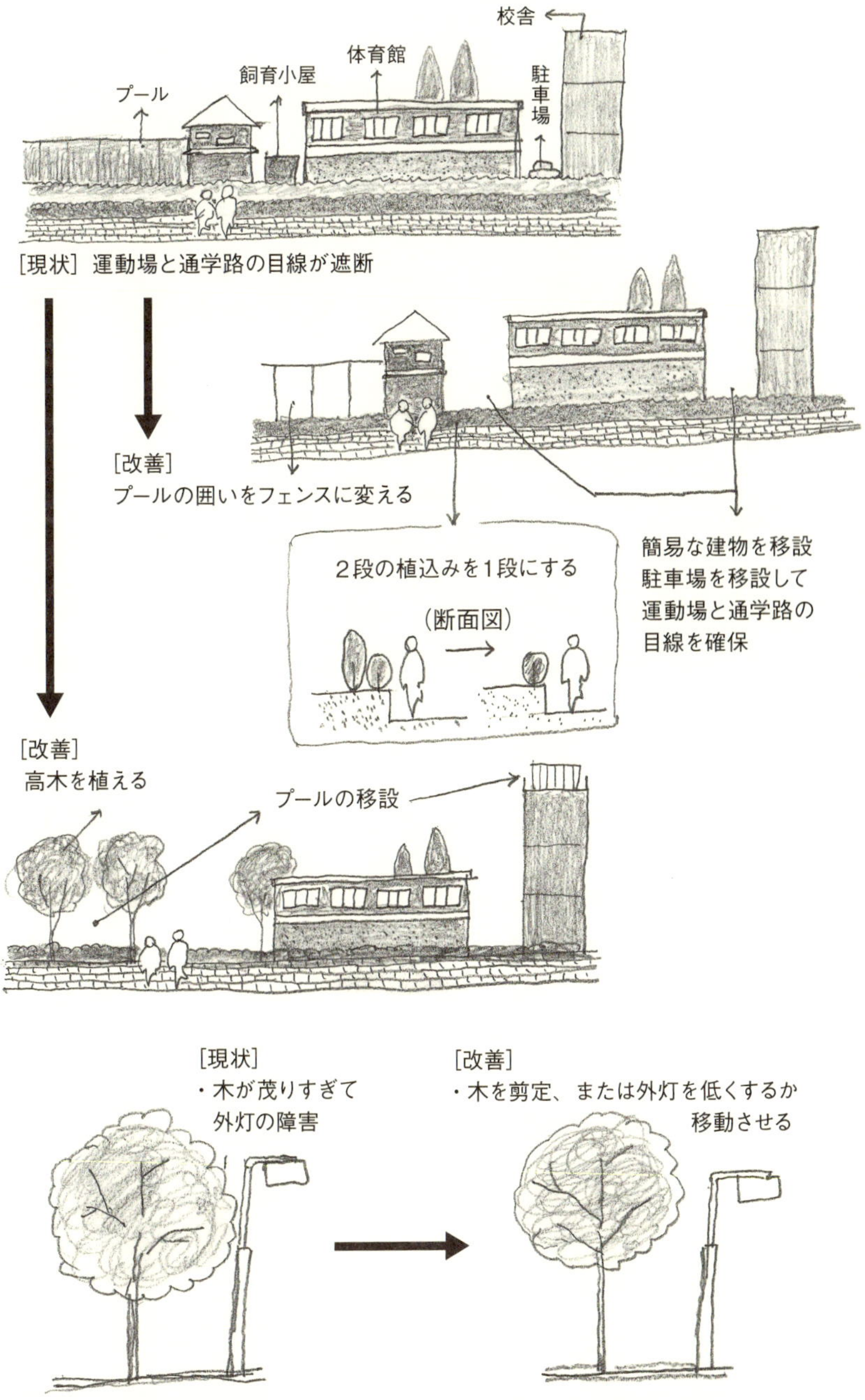

校舎
体育館
飼育小屋
プール
駐車場
[現状] 運動場と通学路の目線が遮断
[改善]
プールの囲いをフェンスに変える
2段の植込みを1段にする
(断面図)
簡易な建物を移設
駐車場を移設して
運動場と通学路の
目線を確保
[改善]
高木を植える
プールの移設
[現状]
・木が茂りすぎて
外灯の障害
[改善]
・木を剪定、または外灯を低くするか
移動させる

例11　近くのお店

[現状] 文具雑貨屋は子どもたちに楽しい空間であるが、お金に絡む危険も多い。

[改善]・店内から外が見やすいように、窓のハリ紙を減らしてもらう。
・自販器等が店内から見やすい配置に変えてもらう。

例12　ショッピングセンター

[現状]
商品が所狭しと並ぶショッピングセンター。子どもたちには魅力の空間……でも安全とはいえない。

[改善]
監視カメラの設置と十分な管理を、店にお願いする。

7 具体化に向けて――「実行計画」をつくる

「実行計画」とは「環境改善計画」で出された様々な対策に対して、それを実際に具体化していくための計画です。その為には「環境改善計画」の最終段階でも一応検討されたことですが、各対策について「主に誰が」「いつ頃までに」やるのかを、実現性も踏まえて詰めていくことになります。

(1) 関連行政機関等と懇談する機会を持ちます

「実行計画」を具体的に進めていくためには、連携の必要な関係団体や関係行政機関等に、この計画を説明し、懇談をもち、実現性の高いものへと練り上げていく必要があります。その時の留意事項や進め方については、第1章の説明に追加するほどのことはありません。そうして出来上

	誰がやるか	いつ頃までにやるか
	住環境整備課	1年以内
	住環境整備課	2年くらいのうち
	公園維持課	2年くらいのうち
	※団地の自治会と相談する	
	各家庭	すぐに取り組む
	児童館	すぐに取り組む
	学童クラブ	すぐに取り組む

がったものを事例として下に例示しておきます。

(2)　地域に向けて広報活動、報告会を開きます

①「実行計画」を実際に実践していく為には、地域住民の協力は不可欠です。「実行計画」を「犯罪危険地図」などと一緒にして、ＰＴＡの広報誌等で会員に配布したり、町会・自治会等の広報誌に掲載してもらったり、掲示板に張り出したりします。広報活動には、子どもたちへのプライバシー等への配慮が必要です。したがって、広報活動で使う「犯罪危険地図」は具体的な被害状況と照合されないよう、番号の振られてないものを使用します（被害状況と照合する番号が付いた「犯罪危険地図」は、地域を回る時にチームリーダーが使用する場合に限定します）。

②地域住民に向けて報告会を開催します。報告会はな

実行計画の例

場所	⑩ ○○児童館周辺	
犯罪種類	要　　因	改　善　案
粗暴犯2件	・木や植え込みが多くうっそうとしている。 ・団地の自転車置き場のフェンスが死角になる。	・木や植え込みの剪定。 ・自転車置き場のフェンスの改善。
風俗犯3件	・公園が汚くて暗い。	・公園の整備。
窃盗犯3件	・近くのお店で買い食いをしている。 ・児童館の中から外が見えにくい。	・余計なお金は持たせない。 ・児童館や学童の先生に、子どもが帰る時間に児童館周辺の見回りをお願いする。 ・児童館の中から外の方も、時々気にかけてもらう。

るべく多くの人々に犯罪発生の状況を知ってもらい、その改善に向けての取り組みに参加を促すものですが、調査に協力した子どもたちや、ワークショップに参加した人々にきちんと報告していく意味でも大切です。町会・自治会や各種組織での小さな報告会も、地域の実情に合わせて丁寧に実施します。

更に、一定の期間を置いて、「実行計画」の進捗状況の報告会を実施することが必要です。

行政との懇談会・住民側

行政との懇談会・行政側

第３章

東京・葛飾の実践

8 環境を変える——実践例

活動の経過を簡単に紹介し、次いでこの十年間に街の何処をどのようにかえてきたのか、具体的な足跡を紹介します。

(1) 活動の経過

この活動は二〇一一年度（平成二十三年度）を終えた時点で、葛飾区内の区立の小学校四十九校、中学校二十四校のうち、小学校で三十八校（77・6％）、中学校で十四校（58・3％）で取り組まれ、小中合わせて五十二校（71・2％）で取り組まれたこととなります。このうち二十六校で複数回取り組まれてきました。小学校または中学校、或いはその両方で取り組まれた地域を葛飾区域図に落とすと、区域面積の九割前後になります。葛飾区のほとんどの地域で、この活動は取り組まれてきたことになります。

葛飾区内でこの活動に取り組んだ地域（小学校）

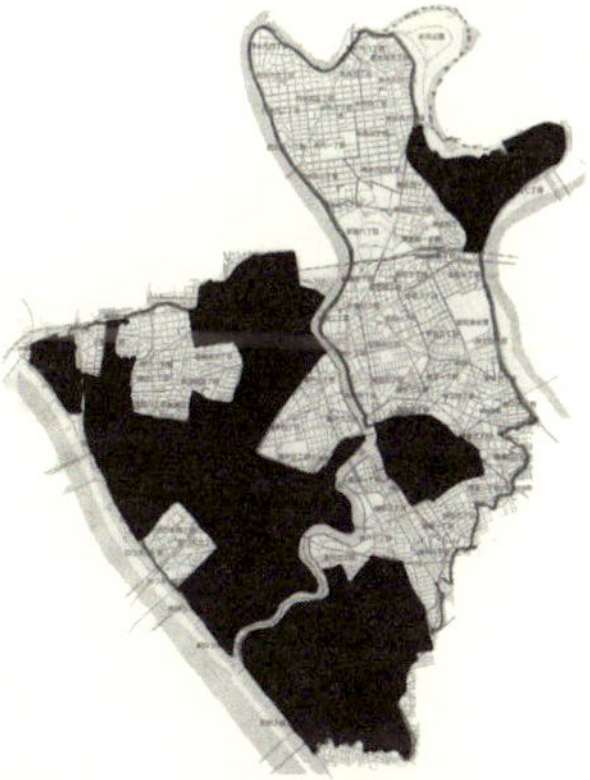

同（中学校）

葛飾区内でこの活動に
取り組んだ地域（全体）

年次別実施校

年次	2003 (H14)	2004 (H15)	2005 (H16)	2006 (H17)	2007 (H18)	2008 (H19)	2009 (H20)	2010 (H21)	2011 (H22)	2012 (H23)	計
実施校	9 (6)	5 (3)	5 (3)	22 (15)	8 (7)	4 (3)	21 (15)	4 (3)	6 (4)	12 (10)	96 (69)

（注）単位は校数、（　）内の数字は小学校数

年度を追ってみると、スタートの二〇〇二年度（平成十四年度）は九校（小学校6校、中学校3校）から始まっています。以後年次毎に、五校（小学3、中学2）、五校（小学3、中学2）と続き二〇〇五年（平成十七年）には二十二校（小学15、中学7）に大きく広がります。

この活動は三年に一度、子どもたちへの調査をし（調査対象が四年生以上で三年毎に対象児童が一新する）、調査後の二年間は具体的な改善計画にのみ取り組むことにしています。この一連の取り組みを三年毎に繰り返すことを基本としています。したがって、次年度以降も三年毎に取り組む学校が多くなっています。こうしてこれまでに延九十六校が取り組んでいます。平均して一校当り一・八回取り組んでいることになります。

この活動は一般刑法犯認知件数が戦後最高になったと言われ始めた二〇〇一年に、当時の区立亀有社会教育館の「この街で共に暮らし共に育つ」区民講座の一テーマとしてスタートしました。翌年「子どもを犯罪から守るまちづくり」講座として本格的に開始されました。この講座

は一般的な社会教育講座とはいささか趣の異なる講座でした。興味のある区民が個人で参加する講座ではなく、ＰＴＡ等の子育て組織を参加の条件にしたのです。当時、個人参加の講座でもなかなか参加者が集まりづらい中で、こうしたハードな企画に参加者があるのかどうか、企画者の側にも大きな心配がありました。しかし、そうした心配は取り越し苦労になりました。ＰＴＡ等の議論を踏まえて組織の代表者達が会場を埋め、熱気に溢れてスタートできたのです。社会教育講座は、地域住民の願いと要求に寄り添う企画をすれば、彼等の学習意欲は低くはないということを示してくれたのです。

この活動にはもう一つ注目すべき事柄があります。この活動の前史といってもいいかもしれません。講座が始まる一年前、二〇〇一年（平成十三年）に、同じ手法でＰＴＡが中心になって取り組みを始めていた中学校がありました。女子中学生の下校時の被害に気を痛めていた校長が、私の研究室に相談を持ちかけてこられたのです。そこで、この手法でＰＴＡと共に生徒への調査から始めて、ワークショップ更には「改善計画」づくりへ取り組みを始めたのです。この活動はＮＨＫの朝の連続ドラマの後の〝生活ほっとモーニング〟（当時）でも充分時間を取って放映され、世間の注目も集めるようになっていました。

こうしたことも重なって、この活動はスタートしたのです。活動が一つの転機を迎えるのは三年後の二〇〇五年（平成十七年）度です。それまでは、広報誌等で参加を呼びかけていたのですが、この年には葛飾区の小中学校のＰＴＡ連合会と共催で「子どもの安全を考えるつどい」を開催し、この取り組みを紹介することにしたのです。活動に興味がある人だけを集めるのでなく、この活動を知らない人も含めて広く参加を呼びかけたのです。これは大きな成果がありました。同年度の二十二校の参加となって結果が表れたのです。ここからＰＴＡという大きなパートナーを得て、活動は大きく飛躍していくことになるわけです。

この活動は二〇〇六年（平成十八年）度より葛飾区教育委員会（事務局）が主催となり二〇〇九年（平成二十一年）度より「子どもを犯罪から守るまちづくり活動支援事業」として、主催や名称を変えつつも内容をしっかり継承して続いています。

具体的に、昨年度の取り組みの流れを簡略紹介します。活動はまず最初に、小学校ＰＴＡ連合会、中学校ＰＴＡ連合会と共催して「子どもの安全を考える集い」を開きます。昨年度は二〇〇人ほどの参加がありました。ここではこの活動の意義や内容を紹介し、各ＰＴＡ等での参加検討を呼びかけます。参加組織が決まったら、以後六回の講座を開きます。参加組織から何人かがこの講座に参加することになります。各講座ではそれまでの取り組みをまとめ、次回までの取り組みについて学習します。第一回は全体の流れを学習します。第二回はアンケートを取ったうえでの危険地図等のまとめ方、更にはワークショップの取り組み方について学習します。第三回はワークショップまでの報告と改善計画のつくり方について学習します。第四回は改善計画を報告しあいながら「実行計画」づくりについて学習します。第五回は「実行計画」を練り上げていく過程で出てきた疑問などを持ち寄り行政関係部局や警察等との懇談を持ちます。第六回は最終的な「実行計画」を踏まえて全体で報告会を持ちます。活動全体の報告もしあいます。最終的な「実行計画」は次年度、再来年度とその実現に努めます。三年目が来たら再び調査から始めます。もちろんこれまでで積み残された課題は引き続き解決に向けて努力していくことになります。

(2) まちの何処がどう変わったのか

① 公園が変わる

●安全なトイレに改修する

公園は子どもたちの地域生活の拠点ですが、道路と共に地域の代表的な危険空間でもあります。この公園は比較的大きな公園です。ここで子どもたちが風俗犯や粗暴犯の被害にあっています。「改善計画」では〝木の枝の剪定〟〝放置自転車の撤去〟〝トイレの改善〟等が挙げられています。現在では、高木の枝下ろしや低木の剪定はきちんとされ、子どもたちの目線は見通しがよく、その目線の上下で緑が豊かに確保されています。放置された自

出入口を二方向にもつトイレに改修

転車もなく管理もよくされています。またトイレも改修されています。公園のトイレの安全はなかなか難しい課題ですが、住民の要求に沿って出入り口を二方向に設けることで、この課題に一つの解決策を示しています。

自転車の乗入れ禁止の看板も掲げられて……

公園の駐輪場にきれいに並ぶ自転車

●トイレの出入り口をよく見える位置にする

この公園では〝変なおじさんに手を引っ張られて公園の中に連れて行かれて身体を触られた〟等の被害が発生しています。「改善計画」では〝トイレの出入り口の見通しをよくする〟〝トイレを建替える〟等の提案が出されました。現在ではトイレは建替えられて美しく管理されていると共に出入り口の位置も裏側の見通しの悪い位置から正面に変わっています。この活動の中で、公園のトイレの入り口は従来の余り見えない所でなく、見える位置に配して周辺に開いて安全を確保する方向に葛飾の公園は変わってきているようです。その方が安全ということでしょう。

出入口を公園の正面に向けて新しいトイレができた

●安全なトイレに建替える

この公園では〝小学生が中学生に殴られたり〟〝エアガンで撃たれたり〟しています。「改善計画」ではトイレの安全性が大きな問題になり〝トイレの出入り口を増やす〟等の要望が出されています。現在ではトイレは新たに建替えられて綺麗で出入り口も見やすい位置についています。ただし、二方向の出入り口は実現していません。また、エアガンについては警告の看板が立てられ、見つけたら警察に通報するよう表記されています。

きれいで出入口も公園に向けて建替えられたトイレ

●住民のアイデア一杯、安全トイレづくり

この公園は風俗犯の被害の多い公園でした（風俗犯四件、粗暴犯一件）。この公園の改修は、この活動のなかでも特記されるような内容を持っています。どの公園の改善計画でも、トイレの改修は要望の高い事項です。しかし、木の剪定やベンチの塗り替え等と違って、それなりの予算が必要なので即応とはいきません。行政も予算に合わせて何年か後に対応することとなります。即ち、改善事項に挙げても実現できる時期は定かでないのです。この公園でも、数年後に、担当課よりトイレの改修の話が町会にあり、地元の意見が求められました（こうした場合には、行政では地元住民の意見として町会等には事前に相談することが多い）。

見通しのよいトイレへの入口

通常、町会の役員達の多くは公園のトイレは普段から余り使わず、関心が薄いこともあって、行政側の示す改修案に「了承」というケースがほとんどです。しかし、この地域では事情が違いました。活動の中でＰＴＡの若い保護者と町会の役員等との交流が進み、このトイレ改修は地域の将来的課題として共通認識がされていたのです。担当課から相談があった段階で、問題意識を共有していた町会の役員達は、若い保護者達に相談を持ちかけ、彼等の知恵を生かした安全なトイレづくりへと原案の修正を求めました。行政側もそれに答える形で、住民の知恵と思いが一杯詰まった新しいトイレが出来上がったわけです。トイレの出入り口は、男女夫々に出口が二方向にあり、明るくて開放的です。周囲に開いて見守られて、安全を確保する方向性も明確です。車椅子でも利用できる個室は、入室時（使用時）にはセンサーが点灯し、使用中に異変があっても声をあげれば外に聞こえるように、ドアー底部には数センチほどの開口があり密閉空間化を避けています。こうした保護者達の

センサーがとりつけられた

活動の中で考えてきた知恵や思いが、このトイレづくりには生かされているのです。こうしたことを可能にしたのは町会と保護者等との地域課題を共有していく日常的な連携と協働です。最近では、同じ地域組織でもなかなかこうした関係を持つことができなくなっています。住民一人一人だけでなく、各組織もまたバラバラになってきているのです。この活動は地域の中でこうした組織を繋いできているのです。この他にも、昼間から酔っ払いのいる東屋の撤去という計画も実現し、この公園の安全性は数段と改善されています。

東屋は撤去され、見通しのよい芝生の凸地に

●公園のフェンスを修理する

この公園は都営住宅と一体的に作られた大きい公園です。しかし、南北を広域幹線道路とJRの鉄道線路に囲まれて、立地上は難点を抱えています。来園者も多様で多く、子どもの安全対策には充分な配慮が求められています。改善すべき要望としては〝線路沿いのフェンスの修理〟が挙がっています。高架線路下の空間は、昼間から薄暗く危険です。そこと公園との境界部のフェンスが破損しており、その改善を求めているのです。現在では、フェンスは綺麗に張り替えられて、高架下空間からの侵入や、逆にそこに引き込まれるという心配はなくなっています。ただし、まだ一部に改善箇所が残っているようですが……

隣接する高架下の空間との間の修理されたフェンス

●ミラーで遊具の死角を無くす

この公園はタコ（蛸）を模した大型遊具が子どもたちに人気の小さな公園です。子どもたちからはタコ公園と呼ばれています。この公園で、五月の夕方五時頃、学童保育からの帰りに六歳の女の子が被害にあっています。改善策の検討の段階で、公園全体から見た時に死角になる、大型遊具の裏側の見通しの改善が取り上げられました。現在ではその場所に、センサーライトつきのミラーが設置され、人気の大型遊具と安全確保が両立しています。

大型遊具の裏側は危険なので、

センサーつきのミラーをつけた

●公園に時計を設置する

住宅地の小さな公園ですが、ここでも風俗犯二件、粗暴犯二件、窃盗犯の被害も五件もあります。「改善計画」では〝トイレの壁や遊具を明るい色に塗り替える〟〝滑り台の色も塗り直す〟〝時計を設置する〟〝自転車置き場がゴミ置き場になっているのでゴミ置き場を移転してもらう〟〝ベンチを新しいもの、または直す〟等が挙がっています。全てが公園行政への要望ですが、これらの要望は全て実現しています。公園の中央には大きな時計が設置されています。子どもたちは携帯電話は持ちません。いくらデジタル化の時代といえども、彼等の生活の拠点には時計は必要です。遊具もトイレもベンチも明るい色で塗り替えられています。ゴミ置き場も改善され、管理には気を配られています。

明るい色に塗り替えられた遊具

大きな時計がつきました

●児童館からの見通しを確保する

これは小さな児童遊園です。児童遊園は都市公園法に基づいて作られる公園ではありません。保育園や児童館等と同じ児童福祉の施設です。しかし、住民にとってはは小規模ながら地域の〝公園〟として親しまれ、行政としても公園行政の中で管理されているものも少なくありません。この児童遊園（〝公園〟）もそうしたものの一つです。ここでも小学生の女の子が〝知らない男の人からフルネームで呼ばれて後をついてこられたり〟〝犬の散歩中の女の子が「こっちへおいで」と誘われたり〟しています。改善策を検討する段階では〝隣接する児童館との間に

児童館側から公園がよく見えるように……

ある珊瑚樹の木を剪定して見通しをよくする〟ことが検討されています。現在では、児童遊園と児童館の境界にあった二メートル余も生い茂った珊瑚樹の垣根は適度に枝下ろしがされています。児童館の職員やそこに来館する子ども、親達によって〝公園〟の子どもたちが見守られる環境が出来上がっています。公共施設等と隣接する公園ではこうした工夫が望まれます。

公園から児童館を見ると……目線を遮らないように工夫がされている

●生徒達で橋脚のペインティングをする

これはＪＲ総武線と交差する道路の高架下に設置された児童遊園です。昼間から薄暗いこうした空間に設置された〝公園〟は押し並べて危険性が高いものです。そもそも子どもの遊び場には不適な空間です。ここでは小学生の女の子から〝おじさんが手をつかんで見せてきた〟等の被害が報告されています。「改善計画」では〝草木を刈る〟〝生垣を低くする〟〝街灯を明るくする〟といった提案がされています。現在ではこうした提案を受けて、見違えるような明るい〝公園〟になっています。厳しい立地条件を住民と行政の協働で見事に改善してきた〝公園〟といえるでしょう。生垣等は外側の道路から充分に見通せるように剪定され、〝公園〟内

ボランティアペインターズによって描かれた絵

には照度を上げた街灯が設置されています。また、この〝公園〟の何よりの特徴は地元の小学校と中学校の生徒達によって「ボランティアペインターズ」といった組織が作られ、彼等によって公園の両側の橋脚部に素晴らしい絵が描かれていることです。遊具やベンチ等にもそうした工夫がされています。生徒達によってペインティングされた橋脚部には全く落書きが見られないのも注目されます。友人たちが描いた絵という意識が子どもたちに共有されているのでしょうか。以前はあれほどあった落書きが数年たった今でも見られない現実は何を示唆しているのでしょう。とにかく、以前は危険で避けたくなるような〝公園〟がこの活動の中で生まれ変わっています。

下校時に一休みする中学生たち

遊具も子どもたちによってペインティングされて

●安全な遊具に改良する

この公園は住宅地の中の小さな公園です。ここでも小学生の女の子が〝股を触られた〟等の風俗被害が五件も発生しています。粗暴犯の被害も二件発生しており危険性の高い公園といえるでしょう。その要因を樹木の管理と遊具の危険性に求めた住民達は、「改善計画」として〝滑り台をもっと開放的なものにする〟〝高木を剪定する〟ことを挙げると共に、地域住民の関わりを求めて〝花壇を設置する〟ことを挙げました。現在では、小さい公園内に数箇所の花壇が設置され季節の花が人々の目を休めてくれます。町会ではこうした花の水遣り等の日常的な管理を引き受けています。公園内の高木の枝下ろしを初め、樹木の管理も行き届いています。街灯も一基増設されました。しかし、この公園の注目すべき特徴は、遊具の安全性を高める工夫です。この公園には、トンネル内を登って滑り落ちるという、子どもたちに人気の遊具があります。しかし、この登る途中の

花壇は町会が管理する

遊具の天井部分を開放した

トンネルが危険だと分かりました。危険だからと壊すのではなく、残しながら改良する……その為の知恵を担当課に持ちかけたのです。担当課の提案した案は〝トンネル部分の天井部を開放して明るくし、遊具そのものはこのまま残す〟という案でした。見事です。今では明るいスロープを登って高所から滑り落ちる子どもたちの歓声が絶えない公園です。また、ここの遊具も、地元の小学校と中学校の生徒達のボランティアチームによって、綺麗にペインティングされています。そして何故か落書きらしい落書きは見られません。

街灯も増設された

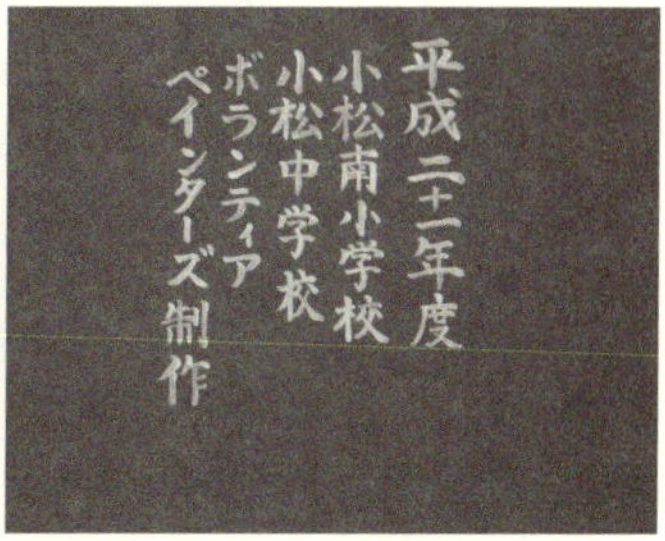

遊具のペインティングは小中学生の手で

●公園外縁部に散策コースをつくる

この公園は中央部に大きなテニスコートを配した公園です。しかし管理状況もあまり良くなく、風俗犯の被害が三件、粗暴犯の被害も四件も起こっていました。「改善計画」では〝テニスコートの周りに周回できる散策コースを作る〟〝高木の剪定〟等が挙がっていました。散策コースを作ることで、地域の高齢者をはじめ、大人達の日常利用を促進し、公園の子どもたちを守ろうというわけです。葛飾の安全対策は単なる死角対策でないことに一つの特徴があります。地域の大人達が寄ってくる公園作り、即ち公園を地域のリビングルームに育てていこうというわけです。この提案もその一つのアイデアといえるでしょう。一部に未完と思われる部分もありますが、公園の外縁部をぐるりと歩いて散策できるようになっています。もちろん高木の枝下ろしもされていて、緑は多いが見通しのよい公園になってきています。

テニスコート外周部の散策コース

●健康遊具——高齢者の集う公園へ

この公園は、公園の管理上問題が多く、風俗犯の危険だけでも四件（粗暴犯の被害も一件）発生していました。「改善計画」では〝生い茂る木の剪定〟や〝高齢者の利用を促す施策〟が検討されていました。健康遊具の設置は、この活動の中で発案されてきた葛飾のユニークな取り組みです。公園の安全は見通しの確保も大切ですが、それによって子どもたちの魅力を削ぐようになっては本末転倒です。そこで登場したのが、日頃地域で生活している高齢者を公園に呼び込んで、その方々に公園で遊ぶ子どもたちを守ってもらおうというアイデアです。日頃から健康維持は高齢者の方々の高い要望です。それに応えることで、公園で遊ぶ子どもたちを守ろうというわけです。葛飾の公園では健康遊具の設置が広がっています。高齢者の要望に、一層耳を傾けた施策の充実が望まれています。今では樹木もよく管理されつつ見通しのよい公園です。

健康遊具が設置されて、高齢者が公園を訪れるようになった

●公園を地域のリビングルームへ

安全な公園の第一の条件は、地域の人々に良く利用され、大切にされる公園です。住居のリビングルームを見ればその家族のコミュニティが分かるように、公園を見れば地域のコミュニティの成熟度が分かるものです。その意味では、公園は地域のリビングルームなのです。この公園はそうした地域の人々の思いが、随所に見られる公園です。この公園でも、小学生の女の子が〝お金をあげるよ〟と誘われたり、別の男の子が〝見知らぬ男性が裸で近寄ってきた〟といった被害を訴えています。「改善計画」では〝木の枝を切り見通しを良くする〟〝ホームレスが住み大量の荷物を置かれてしまい、公園課に連絡する〟

住民によって管理されている花壇

〝プール前、パーゴラの落書きをペイントする〟〝花壇をつくる〟〝プールの外壁が壊れているので修理する〟等の提案が挙がっています。その後の活動の中で、樹木は緑量を確保しながら人の目線を確保できるよう十分な剪定がなされています。ホームレスの問題も、担当課が何度も足を運びホームレスの人と話し合って退去に至っています。こうした場合には福祉関係とも連携し、宿舎等の手当てが可能なことについても、行政を通して認識を深めています。パーゴラの落書き対策としてのペイントも、警察の協力も得ながら住民達で取り組みました（これは、残念ながら、その後再び落書きが見られたのですが、担当課で消去され、今はパーゴラ周辺は美しい空間を演出して

美しく塗り替えられたパーゴラ

います）。プールの外壁についても修理が進んでいます。この公園では、住民達による花壇づくりが注目されます。担当課から花壇を借り受け、そこに四季折々の花を植え、その管理を住民達で行っています。公園を安全で楽しい地域のリビングルームにしたいという地域住民の思いが一杯詰まった公園といえるでしょう。

ここで少し、葛飾の公園行政について紹介しておくことにします。この活動を始めて一〇年、葛飾の公園はすっかり姿を変えてきました。樹木は充分な緑量確保に気を配りながら、高木の枝下ろし、低木の剪定、不用意な中木（人の目線に生い茂る）を排し、安全で美しい公園になってきました。遊具等の落書

樹木の管理も十分にされて……

きも住民参加のペインティングを奨励し、落書き対策としての効果を挙げてきました。安全対策の難しいとされるトイレについても、出入り口の二方向化や出入り口を公園側に開いて守る等の住民の知恵を生かした工夫をしてきています。健康遊具を配置したり住民の花壇づくりを支援し、地域住民に親しまれる公園づくりに積極的です。まさしく、公園は地域のリビングルームとして成長しつつあるといってもいいでしょう。こうしたことを可能にするのは、葛飾区の公園管理が担当課職員による直轄事業として進められており、今流行の外部委託ではないことに大きく起因しています。財政事情の厳しい中でも職員を確保し、住民の要求と共に歩む行政の姿勢があることを忘れてはならないのです。

住民の要望で落書き消し等の改修中の施設

②道路が変わる

●安全な横断歩道橋に変える

この横断歩道橋は国道六号線に架けられたものです。この横断歩道橋を渡っていた子どもが〝変なおじさんに下半身を見せられた〟等の被害が発生しています。

「改善計画」では外部から全く様子が分からない不透明な側面の材質について〝透明なパネルにする。または下半分は取り外す〟〝一人では通らないようにする〟等の提案がされています。この提案を基に、保護者達は区の道路関係課に出かけます。しかしそこでは〝これは国道ですので、国道の管理事務所に行くように〟と指示されると共にその場所

歩道橋を渡る人の姿が見えるようになった

を教わりました。彼等は教えられた国道の管理事務所に出かけ、自分達の提案の実現を働きかけたのです。その提案は実現されました。国道管理事務所を動かしたわけです。今では、半透明のパネルに取り替えられ、横断歩道橋を渡る人の姿はどこからでもよく分かる、安全な歩道橋になっています。保護者達の熱意は国の出先機関をも動かして、子どもたちに安全な地域へと変えてきているのです。

歩道橋から外のまちもみえる

●陸橋の橋桁周辺を安全にする

ＪＲ総武線と交差する道路が、線路と交差する部分だけ高架になり、地表面から高架になる橋桁の周辺に使い勝手が悪く危険な空間が出来ることは避けられません。この場所でも女子中学生が五月の夕方〝遊ぼうよ〟と話しかけられたり、別の女子中学生が下校途中に〝知らない人に追いかけられた〟りしています。ここは、こうした被害が七件も起きている、地域でも危険な空間です。「改善計画」でも〝樹木を低く剪定する〟〝雑草を刈る〟〝落書きを消す〟といった管理状況に関わる課題や〝街灯をつける〟といった要望が挙がっていました。現在では、行政によって樹木の剪定は定期的に行われ、落書きが発見されると関係課に連絡して消してもらうようにしています。また、照度の明るい防犯灯が設置されて、道路の高架部分も大変明るく改善されています。

明るくなった道路を下校する女子中学生たち

●交差点を安全にする

学校は、境界部の施設の状況によっては、外周部の通学路等の安全に大きな課題を持っています。校舎や体育館だけでなく、プールや物置や樹木によって、学校側から道路への目線が遮られて死角を生み出すのです。この道路はそうしたものの一つです。小学校のプールの高い塀の外側の通学路の交差点です。ここでは、夏休み前の七月の夕方、下校途中の女の子が見たことのない大人によって〝殺すぞ〟と脅されています。「改善計画」では子どもが見えづらいので〝ミラーや止まれのマークを設置する〟ことが挙げられています。防犯と交通事故の両面からの提案といえるでしょう。現在では、停止線と「止まれ」のマークが道路上に標示されています。小さなことですが、こうしたことの積み上げで地域の子どもたちは守られていくのです。

プール裏の交差点に停止線をつける

●土手の道を安全にする

この道は一級河川の土手の上に作られた「遊歩道」です。河川は都市の魅力の一つではありますが、こうした土手の道は、場所によっては結構危険でもあります。通学等の日常生活で利用する子どもたちがあって、管理状況によっては危険な要素も少なくありません。管理の責任が道路なのか公園なのか河川なのか、実際上はなかなか曖昧な空間で、勢いその管理状況も不十分になっていることが少なくないのです。御多分にもれずこの道もそうした空間の一つでした。「改善計画」では〝土手を明るくする〟〝時間により明かりの付く街灯の設置〟といった提案がされています。現在ではこの道は全く姿を変えて、明

明るく整備された「遊歩道」

るくて安全な道として地域の人々の自慢の空間に様変わりしています。道幅は広がり、美しい街灯が長く続き、所々のベンチも美しく作り変えられました。大きな成果を前にして、地域の関係者達もやれば出来るといった確信を深めているようです。

ベンチも美しくデザインされて

●暗くて狭い私道を改善する

かつては、この道は幅二メートル程で昼間から薄暗い私道で、女子中学生が風俗犯の被害にあったりしていました。「改善計画」では〝街灯を増やす〟〝隅切りをして見やすくする〟〝角にカーブミラーをつける〟〝寺の塀を低くする〟〝子どもたちに知らせて通らないように指導する〟等の対策が挙げられていました。こうした状況を踏まえてお寺さんから思いもよらぬ対応をしていただきました。境内の敷地を提供され、私道の幅が倍近くまで広がり、塀も明るく美しいものに改修され、道路の角には隅切りまでされたのです。春には境内の桜も楽しめて、安全で素敵な道路に一変しました。通らないように指導する道から、いつも立ち寄ってみたくなる道に姿を変えたのです。

道幅も広くなり、塀も美しくなって隅切りも整った私道

③街が変わる

●駅前の安全な環境整備

この駅前は、それ程広くない空間に人間をはじめ自転車や自動車が多く集まって、雑然としています。大事には至りませんでしたが、下校中の小学生の女の子が〝変なおじさんに手首をつかまれた〟といった被害が報告されてもいます。「改善計画」には〝放置自転車の取り締まり〟や〝タクシー乗り場の整備〟といった駅前の安全な環境整備の課題が挙げられています。

現在では、自転車整理のおじさんがこまめに回るようになって、駐輪場の利用が進み、

待機中のタクシー、停められるのは二台まで

放置される自転車は大幅に減っています。また、数珠つなぎに行列していたタクシーも、乗り場に待機するのは二台までとし、三台目からは一〇〇メートルほど離れた所に待機するようになりました。タクシーの待機場所も路面に表記され分かりやすくなっています。

　多くの利用者が雑然と入り込んだ狭い空間は、危険を伴う空間ですが、そこにいろいろな工夫を凝らしてあって、少しでも安全な環境をと願う、人々の努力が見られます。

よく整備されている自転車置場

●駅前駐輪場を整備する

駐輪場は子どもたち自身もよく利用する空間ですが、その位置や管理の状況によっては、危険な空間でもあります。この駅前駐輪場も例外ではありませんでした。「改善計画」では〝地下駐輪場があるのに駅前の商店の前に放置してある自転車が多くて危険なので対策をとってほしい〟といったことが挙がっていました。地下駐輪場の利用を促進して現状を改善しようという提案です。こうした取り組みによって、現地管理人達によるこまめな整理と指導、「地下にも駐輪場あり」といった主旨の掲示をし、分散にも努めることで、現在は駐輪状況も大幅に改善されています。

分散化を呼びかける看板が立てられた

●危険空間の安全管理を求める

この空間は河川沿いの大規模な集合住宅に隣接する工事用の機械等の置き場です。広い敷地に通常は無人です。管理をきちんとしないと危険な空間といえます。ワークショップを踏まえて、「改善計画」では〝雑草を刈る〟〝周辺のフェンスに鍵をつける〟等の要望が挙がっています。現在は、雑草についても刈り込まれ、張り巡らされたフェンスの出入り口には施錠がされています。地域にはこうした粗放的な空間が管理の不十分なまま放置されているケースがあります。特に最近の経済状況は、こうした傾向に拍車をかけています。こうした土地の所有者や管理者に、安全面での対策を求めていくことが大切になっています。

出入口には施錠がされた

フェンス越に見る資材置場

●学校を安全にする

大阪・池田小学校の事件を挙げるまでもなく、残念ながら学校も安全とはいえません。これまで犯罪などおこることを想定して学校は作られてはこなかったのです。この学校の敷地内外で、風俗犯四件、粗暴犯一件の被害がありました。「改善計画」では〝木の枝を切る〟〝夜間に学校の電灯をつける〟〝人感センサーを設置する〟等の提案がされました。現在では、主事さんが、校舎の周りの生垣を剪定、よく手入れしています。夜間の電灯も体育館や正面玄関に設置され夜間の安全を確保しています。人感センサーも正面玄関に設置されています。この学校の敷地内と外周道路の安全は、数段改善されたといえます。

植栽の手入れも十分で学校の内も外も明るい

●公開空地の安全性を高める

この空間は民間の住宅開発で作られた公開空地です。公開空地は誰でも利用できるものですが、所有は民間（分譲型集合住宅では多くは居住者）です。過密な都市部で空地を生み出すために導入された手法で、公開空地を設けることで開発業者は最大五割程の容積率が緩和されます。これによって開発業者は大きな利益を受けるのですが、分譲後の管理責任は居住者達が背負うことになります。この空間の管理費用も決して軽いものではありません。勢い、管理が不十分になったりして、地域の危険空間になったりするのです。この場所もそうした空間です。建設当時は綺麗にデザインされた空間でしたが、その後の管理が

マンションと公園の見通しが良くなった公開空地

不十分で、問題が表面化していました。「改善計画」をつくる段階でも〝マンションと公園の境の塀を見通せるようにしてもらう〟〝東屋が荒れていて危険だから対策をとってもらう〟等の意見が出されました。現在では、マンションと公園の間の塀は見通しのよい金網に改善され東屋は撤去されています。しかし、今後もこうした空間を居住者達が管理していくのは大変です。利益は開発業者、その後の管理責任は居住者、という空地の生み出し方には改善が必要です。こうした空間の管理責任を背負わされた居住者達の苦悩がうかがい知れる空間です。

危険で荒れた東屋は撤去された

●空き家を撤去する

集合住宅だけでなく、戸建住宅地にも空き家が散在するようになってきています。住宅地以外でも空き家化は進んでいます。しかし、こうした空き家は当然ながら、管理が充分だとはいえません。いつしか子どもたちの溜《たま》り場になったり、犯罪空間化する場合も少なくありません。こうした建物で子どもが命を落とす事件も発生しています。ここもそうした空間でした。ここには子どもたちが自由に出入りできる無人化したアパートがありました。実際に内で子どもたちが遊んだりする状況も生まれていました。保護者達は、ワークショップにおいて犯罪の危険性を感じていました。しかし対策といっても、所有は民間の個人であり、妙案が浮かびませんでした。そうした状況のなか、町会の役員さんが地主さんと交渉してくださいました。顔見知りということもあったのでしょう、地主さんはアパートを壊して更地にされたのです。今では駐車場として活用されています。この活動が子を持つ保護者達だけでなく、町会等の地域の人々との協働の取り組みに発展している真価が発揮された事例といえます。

かつて廃屋のあった空間

●改善もスムーズには進まない

「改善計画」もそんなにスムーズに進むわけではありません。ここは図書館の二階にある児童室への外階段です。ここで、子どもたちは、風俗犯や粗暴犯の危険に晒されています。「改善計画」では〝児童室への出入り口の、階段屋根の側面のトタンを透明にするかとってしまう〟となっています。実際には、階段屋根と側面のトタンは取り替えらましたが、現在では残念ながら、その材質は透明のものではありません。近隣の住民の方から〝この建物に来る人の視線が気になる〟という要望があり、計画通りにはいかなかったのです。地域の人々にしても、生活も違えば要望も違ってきます。こうしたことは珍しいことではありません。当然起こりうることです。時間をかけ、相互理解を深めながら、次善の解決策を見つけ出していく能力が求められてきます。こうした意味で、この活動は住民自治の学校かも知れません。

次善策が求められる児童室への外階段

●街にベンチを広げる

駅前商店街は多くの人の集まる空間です。こうした空間では子どもたちは色々な犯罪の危険に晒されています。ここは比較的大きな商店街で、アーケードが長く続いています。ここでは〝知らない人に首を絞められそうになった（小学生の女の子）〟〝一緒に遊ばないかと声をかけられた（中学生の女の子）〟〝マンションに連れて行かれた（小学生の女の子）〟等の危険に子どもたちがあっています。ワークショップから対策を検討するなかで、〝地域の大人達が出やすい街にするために、気軽に誰でも利用できるベンチを設置する〟というアイデアを学習しました。特に、昼間から地域で生活する高齢者の人々が出やすい

街におかれたベンチ、お年寄りの出やすい街へ

街づくりの一環として、この商店街にベンチを設置しようというわけです。子どもたちを犯罪の危険から守る活動には、高齢者の人々の参画がどの地域でも期待されています。しかし、彼等に一方的に期待するだけでは不十分です。彼等の要望を取り入れたまちづくりを推進することが必要です。〝街に健康のためにも散策に出かけてください。疲れたらベンチで休息してください……〟そんな気持ちで、このアーケードにはベンチが置かれています。

この他にも、この商店街では、防犯カメラ（機能的には監視カメラ）の設置が進んでいます。こうしたカメラの先進地であるヨーロッパでは、プライバシーや人権保護の視点から、行き過ぎた状況に見直しが検討されています。こうした状況を踏まえて、導入にあたっては撮影主体と責任体制、映像の保管や閲覧のルールや場所等についてきちんとした規則を作って対応する必要があります。

こうした空間は楽しいが危険も一杯

ベンチで一息

国や自治体でこうした規則がほとんどないまま、急速にカメラの設置が進む現状は行き過ぎた監視型社会の危険が心配されます。安全な社会の前提は人命・人権が尊重される民主的な社会であります。こうした点をしっかり踏まえたうえで、こうした器具の導入を検討する必要があります。

監視カメラを設置するときには、責任ある管理体制を

9　地域に絆を広げる——参加者対談

この活動に中心的に関わった人達が、活動の中でどのように変わっていったのかを座談会という形で紹介することにします。参加者は以下の通りです。

中尾栄子　餌取愛子　白石広美
鈴木徳一　木村美佐　小菅哲朗
中村攻（司会）

司会　最初に参加者の紹介を簡単にしておきます。中尾、餌取、鈴木、木村さんは「子どもを犯罪から守るまちづくり活動推進会」（以下推進会）の会員、白石さんは青少年委員、小菅さんは葛飾区の教育委員会の生涯学習課の職員です。
葛飾区には子どもたちの健全育成を目的にした青少年委員会という組織があり、区内の各小中学校区から一名の委員が区から委嘱され、その中に調査環境部（その後、子ども・

安全・まちづくり部に改称）というのがあって、ここがＰＴＡ等のこの活動を支援しています。白石さんはそこの部長です。その組織を卒業した人達の有志が中心になって推進会を組織し、現役の青少年委員やＰＴＡによるこの活動を支援しています。中尾、餌取、鈴木さんはそうした経歴の方です。木村さんは最近まで現役のＰＴＡ会員だった方で、ＰＴＡから直接推進会に入られました。

さて、最初に、皆さんがこの活動に参加されたきっかけと、その時の印象からお願いします。

中尾

平成十三年でしたか、亀有社会教育館で中村先生の講座が三回開かれて、その時小菅さんから〝楽しいよ、出ないかい〟と誘われました。迷ったけれど一回目は出ました。でも聞いていても余り分かりませんでした。二回目のフィールドワークは出ませんでした。三回目に出た時には、フィールドワークに出ていない私にでも分かってきました。〝面白いね、誰にでも出来そうだな〟って感じ。それが出会いの最初でしたね。一年ぐらいたってからかな、青少年委員会の調査環境部にいたんだけど、部としては余り活動していませんでした。折角入ったんだから何かやろうと思っていたんだけど……。そん

な時に、青少年委員会担当職員の林さんから〝ビデオを見ないか〟と誘われました。NHKの「生活ほっとモーニング」のビデオで、亀有中学のPTAがこの活動に取り組んでいるのを紹介したものでした。それを見て、皆が〝やろうやろう〟ということになり、それからは勉強しましたね。勉強しないとついていけない部分も一杯あったのでとにかく勉強しました。そんな思いが残っています。

餌取　中尾部長がこの話を持ってきた時、自分が青少年委員になって何をすべきか、自分の居場所作りということもあったし、全く分からないところで調査環境部に入って、中尾部長について来いって言われて、言われるがままについていった感じがします。最初は本当に何が何だか分かりませんでしたが、やる価値はあるな、と、すごく新鮮でした。大変でしたが勉強する中で一つ一つ本当に身に付けて、一年目が終わればもう自分達の仕事は終わりだと思ったら、マニュアルを作れとか後ろから聞こえてきて、そこで先生の講座のテープおこしをする。テープおこしは大変でした（笑）。そしてテキストが出来ていく……。

鈴木　私も餌取さんと同時に参加しました。先ほどビデオの話が出ましたが、私だけは見ていなくて一年ぐらい後で始めてみたんです。ですから開始当時は、手探りで参加しました。

私は子どもが二人いるんですが、以前は学校に関わることはほとんどありませんでした。運動会や学芸会といった時だけ学校に行く、それ以外は学校に行くことはありませんでした。ですから、全てが初めてのことだらけのことを、これまで続けさせていただいております。きっかけはそんなことですが、そこでどんなことを感じたかといえば……。その先生の言葉は今でも心の隅にあるのですが、「大人は地域がなくても生きていける。その子どもたちが地域で遊び、地域で学校に行き、地域の商店で買い物をして、地域の中で暮らしている。そのことを、地域が要らないと思っている大人達がどう思っているのかな」ということを、私も考える……。この活動は、そうしたことを地域の大人達に思い起こさせる起爆剤なるのかなと思い、進めるのはすばらしいことだと感じて……それで一〇年たったんですね。

白石

私は平成十六年に青少年委員になって、調査環境部でこの活動が出来上がっていて、中尾、餌取さんにくっついていく一年でした。誘われて入っただけなんです。もう少し言うと、平成十四年にＰＴＡ本部の役員をやっていた時に、この活動は忙しくて面倒だからできません〝却下〟といっていた側なんですが、その後この活動にはまって、今に至ってい

る状況なんです。だいぶ皆さんに可愛がられて、今までつづけられているというのがあります。

司会 先輩が後輩を育てていくという……。大事なことで、それがここまで続いているという。チームワークのよさもありますね。

中尾 青少年委員会の中でも活発に活動している部だったと思います。一言言うと皆が〝やろうやろう〟ということになって……。で、そんな勢いで東京都とかお隣の足立区とかにもお話に行ったりして、今考えると無茶なこともしましたね。

餌取 自分達が何かをしなくてはいけないという思いはあって、何をしていいのか分からないというのがあったと思う。そうした面では何か飢えていたといえるんじゃないかしら。この活動でチームが出来ました。中尾さんを中心に、調査環境部でダンスチームが出来ました。夜に中尾さんの娘さんに指導されたりして……。新しい青少年委員が入ってくる時には各部がどんなことをやっているのか紹介するのですが、私たちの場合、その説明がこのダンスなんです……。

司会 ここのところで、新たにこの活動に加わられてきた木村さんに……。

木村 平成十八年度から、小学校でこの活動に関わっているのですけど、その時は一緒にやっている中学校の方が一生懸命頑張ってやってらっしゃいました。その時私は本部役員でしたが、〝ＰＴＡの本部は関わらなくていい、フィールドワークにだけ参加すればいい〟と言われてそうしたのです。ただ、これではいけないという思いが私にはすごくあって、本部はちゃんと関わらないといけないし、関わらないのであれば止める、と勇気を持って言わなくてはいけないと強く思ったのです。でも、止めると言う為にはちゃんと勉強して、自分で判断したいと思いました。なので、最初に六月の集いを聞きに行ったのが、本当に私がこの活動に関わった最初になるのですが、その時に、道路や公園の改善というのは地域の偉い人達だけがやるものだと思っていたのですが、私にも出来るかも知れないと思いました。そこにすごく感動したのですね。〝あれ、自分も出来るかも知れない〟という感

活動は、葛飾区の講座から始まった……

動でした。だから、この活動は止めるのは惜しいと私は感じたのです。……やっぱりいろいろなことを吸収できたし、楽しかった。止める気はなかったし、周りにどうやってこの活動の素晴らしさを伝えていこうか考えるようになりました。

司会　行政の立場から小菅さん。まあ、講座の発案者でもあったわけですが……。

小菅　当時、社会教育（施設）自体が揺らいでいるという状況がありまして、もう少し区民の力になる学習支援が出来ないだろうかという思いがあり、何かを探していました。そうした時、先生の本が出版されて直ぐに読みました。それでこれだと思ったのです。これを何とか地域の力に結びつける、それを何とか生涯学習の支援として……。ですが、どうしたら企画としてやれるのか、なかなか思いつかなくて……。というのは、区民一人一人を対象にした講座は色々やってきたのですが、いい講座だったねって言われてもその先が続かない。知を力に、具体的に活動として展開するにはどうしたらいいかを、一年悩んだんです。まず始めなくてはと思い、平成十三年に、葛飾のことを考える一〇回の講座のうち三回に、先生をお招きすることにしました。そのときいろいろな団体に声をかけて「来てほしい、来てほしい」と……。中尾さんは何のグループでしたっけ、パッチワーク？

中尾　いえ、その時は料理の会、ソルト90という高度な会です（笑）。

小菅　それから、亀有中にもミニコミ誌の取材で出かけていて、校長先生とも知り合いでした。校長が〝女子中学生がチカンに追いかけられる〟という話をされて、そんな問題を解決できる方法はないかと相談を受けました。それで〝これは上手くいくかもしれない〟と思い、その校長には、ＰＴＡにも出席をお願いしたりして……。そうしたなかで、中尾さんが、調査環境部で学習したいので平成十四年度の講座を受けさせてもらえないかとおっしゃったのです。どうぞ一緒に勉強しましょうと言えばよかったのですが、勉強するだけではダメ、一緒にＰＴＡを支援する為に動いてほしい、と言ったのです。私はその時仲間がほしかったし、青少年委員って各校区から一人ずつ選ばれているので、この人達と一緒にやれたら、と思って相談した……。中尾さんは絶対に受けて立つという確信があった。ただ、待ってください、皆に諮《はか》らないとわからないからねと言われて、検討する期間があって……。そうこうしている間にこの活動がマスコミにも取り上げられたりして、軌道に乗っていくわけです。……皆さんがイキイキと活動している、ＰＴＡなんかでイキイキ取り組んでいるのを見て、何かこれってやっぱり本当に自主的・主体的にこの中

で成長していく、改めて社会教育の醍醐味というか……、二〇年仕事をしてきてお恥ずかしい話ですが、そこで初めて感じられました。集いとかPTAの報告を聞いて涙が出るほど嬉しかったという経験も出来ました。この仕事は、本当に、私に社会教育主事としての喜びとか自信とか誇りを与えてくれた仕事だと思います。

司会 改めて、この活動がいろいろな立場や思いから参加されているのだということを思います。私は初めて皆さんに会って、中尾さん、小菅さん……皆さんもっと自信を持って始められたのだと思いましたが、中尾さんもなにか料理のサークルから入ってきたと……。

中尾 何か飢えていたのかもしれませんね。何かやらないといけないって……。

司会 それでは、次のテーマに移っていきたいと思います。活動で思い出に残っている出来事を紹介してください。

白石 一番印象に残っているのはお花茶屋の公園のトイレの改修(前項参照)です。まちづくり懇談会というのを各地域でやっていますが、そこでこの活動を発表(報告)させていただきました。報告したことで町会連合会(町連)とか保護士さんとか、いろいろな方がこの活動を知ってくださいました。ちょうどお花茶屋のトイレの改修の時期だったので、その改修を行政が町連の方にあげてきました。そこでPTAも呼んで下さって、そのトイレの計画が出来た時点で、地域の活動の中に入れてくれたんです。その時に色々意見を出したら、行政が計画を見直して、私達の意見を生かしたトイレが出来ました。行政から見て住民というのは町連なんですね。私達住民といっていますが実際には町会止まりなんだということが分かりました。後はまあ、同じ活動なのに地域によって全然違うというのは、そこに住んでいる人々の取り組み方によって変わってくるのだということが分かりました。全区的に回ってみて本当に一つとして同じ活動がないというのが、この活動の良いところだということが分かりました。

司会 お花茶屋のトイレが出たところで木村さん。

木村 私も何が嬉しかったかというと、やっぱりトイレ（笑）。改善できたのがすごく嬉しいです。どんな形であれ私達の要望が通っているという感じがします。今まで偉い人達がやってきたことを、お母さん達のパワーで出来たんじゃないかという……。ちょっと自信になりました。いろいろ在りましたが、その中で子どもたちとの付き合い方も、地域の方との付き合い方も……失敗しながら学んでいくと思いますので、全てが全て本当に手をたたいてバンバンザイというわけでもありませんが、いろいろな失敗もあったけれどよかったです。

それから、この活動を一生懸命やっている姿を、周りの人は見ていると思うのですが、学校の先生から、授業で子どもに話す機会を与えていただきました。そんな大それたことをさせていただいていいのかなと思ったのですが、いま四年目が過ぎて、子どもたちが変わってきているのがすごくよく分かります。ちゃんと聞いてくれているのです。〝地域の人達が頑張っているんだよ、だから、みんなが出来る防犯を考えようね〟っていつも言うんですけど、ちゃんと分かっていてくれるんですね。子どももどんどん吸収してくれているのがよく分かります。だからとても楽

“安全で楽しいまちづくりへ……” 話し合いの風景

しいです。楽しみを与えてもらっているんです。この活動があったからだと思うんです。すごく私は幸せです。活動に関われてよかったなと……。

司会 子どもたちが変わっていく。もう少しそこのところを聞かせてください。

木村 えーとですね。子どもたちに〝道ですれ違うとき近所の人に挨拶しようね〟って。〝誰でも彼でも挨拶する必要は無いけど、お父さんお母さんの知ってる人から挨拶しようね。それが安全に繋がるんだよ〟って話をしたんです。そうしたら子どもたちが、どこで会っても挨拶してくれるようになったのです。私の方は何百人もの子どもたちに会うので、名前が出てこない子も沢山いるのですが、私を分かっていてくれる子は沢山いて……。私の方も挨拶してくれる子はだんだん覚えていきました。ちょっと離れたところであっても、例

そこに住む人々の取り組み方によって地域は変わる

えば亀有駅前のショッピングセンターで会っても、〝あっ！ こんなところまで遊びに来てるの〟って声をかける地域のおばさんになってあげられる……。〝公園でゴミ捨てたら駄目よ〟って話すんです。子どもは気をつけるんですね。前は私が居ても子どもはポイとゴミを捨てるんです。だけどそれをカバンの中に入れる子がだんだん増えてきているんじゃないかと思います。そんな気がして嬉しくなります。一年から六年まで、一クラス一時間ずつ話す機会をいただいています。

司会 それではお父さんの代表の鈴木さん。

鈴木 この一〇年間、どういう形で関わってきたかというと、活動する団体のお手伝いをする形でずっと関わってきました。だから実際にどこどこの所がどうやって改善されたかということより、活動している方々と関わってきたという思いが強いです。この一〇年間でいろいろな団体、特に私が住んでいる地域の団体に毎年一～三校ぐらい関わってきて、その中にもいろいろな団体があって、地域に密着して壮大な活動に持っていく団体もあれば、実質一人の人が背負わなければならない学校もありました。そうした中で、この活動をどうしたらもっとやりやすい活動にもっていけるか考えてきたのですが……。寧ろこの一〇年間の変化が大きく、例えば個人情報保護法とかで、なかなか動きづらくなってきた。未だに悩んでいるというのが現状です。

中尾 私がこの活動で一番よかったことは色んな人との出会い。木村さんも言われてますが、まちを作るのは行政だとずっと思っていましたから。私達がまちを作るなんてこと考えてもみませんでした。この活動を知って、そういうことも分かってきて……。その中で、柴又のフィールドワークにいった時に、〝やや？ これなのかな〟と思うことがありました。皆さん地域なんかなくても生きていけるというのがどこかにあると思うんです。だけどその時ですね、地域の大切さを感じたのは。私なんか柴又というと、下町で、七輪で秋刀魚を焼いちゃって、寅さんの雰囲気しかなかったのですが、全然そんなものではありませんでした。何年も前に女子大生が痛ましい犯罪の犠牲になる事件がありましたが、未だにほとんど有力な情報がないのです。現場はフィールドワークの時は更地になっていました。地域は大きく変わっている。余りよい方向ではなくて……。このことは結構衝撃的でした。

それともう一件、ホームレスが沢山いるようなところをフィールドワークしていて、考えとして、ホームレスとはやっぱり一緒に……。この活動でいろいろ勉強していると、彼等との共存みたいなことを少しずつ考えるようになりました。だからといって具体的な接点はないのですが、嫌なものは排除するという生き方をこれまでしてきて、共存ということにちょっと引かれちゃいました。私の所属している大地の会で、この間花壇の堆肥の切り返し作業をおこなったのですが、そこに居たホームレスの人にも手伝ってもらおうかと思いました。仲間の賛同を得られなかったのですが、自分としては、この活動のいい成果だったかなと思っています。

小菅　私の思い出は、多くの人との出会いですね。本当に助けられ、育てられたと思います。〝勉強した住民が行政に対して物申してくる〟といった考えもまだ残っていたりして、ハードな都市整備関係の協力をお願いする時には、私の力ではとても出来ないことでも、皆さんが地区委員会や町会等と共に取り組むと、行政の動きが違ってきます。皆さんが動くと、行政も大きく変わっていくということを、この活動で改めて強く感じました。公園が変わり、道路が変わり、そこで頑張っている人々がいるというのが、役所から見ていても感じ取れるというか……私は感じますね。

司会　住民と行政は立場は違うけれど、子どもに安全な地域を作ろうという思いは同じですよ。思いは一緒だけれど立場は違うわけだから、ケンカしていいんですよ。しかし、その中から、思いは一緒だったら歩み寄って、そこから一致点みたいなものも出てくる。住民も変わるし、行政も変わる。その覚悟が住民にも行政にも必要です。行政マンだって住民に感謝されるような仕事がしたいのですよ。住民だって要求出したら〝オール・オア・ナッシング〟だけでないことが分かっていく。

餌取

私は、葛飾区内を知らない学校がないというくらい自転車で回ったな……という、いろいろな地域を見て回ったというのが一つの思い出ですね。地域によっては若い人達がすごく活発なところとか、縦社会の中でやっているところとか、大きな道路があって広々としたところとか……。迷子になるような曲がりくねったところもあって。一年目にある中学校にフィールドワークのためバスで出かけると、グルグル曲がるし、なかなか到達しないし、途中この道でいいのかしらって不安になったりしました。

二期間中尾さんが部長を務められて、その後私が引き受けたのですが、〝あの部は忙しいよ、止めた方がいいよ〟って敬遠されるなか、第一志望で入ったのは白石さんと私だけでした。他は第二志望とかで入ってくる人達ばかりでした。それでスタートしましたが、活動する間にメンバーが〝やってよかった〟って思ってくれたのが良かったかな。五年目に先生達とNHKを引き連れて、五年間の成果ということで区内を見て周りました。その思い出が大きいです。

また、四丁目のガード下の公園では、一年目に子どもたちでペンキ塗りをして、それで終わりかと思ったら二年目には反対側を、次の年も、と、一年でなく何年もかけて塗り替えられたことはすばらしいと思います。この一〇年間は土台作りというか、いろんな人が集まってきて、本当にすごく嬉しいですよ。

司会　餌取さんはテキストをはじめ、土台作りをしっかりされましたね。では、次に、既に触れられてもいるのですが、自分自身にスポットを当て、活動の中で自己の内なる変化について。

鈴木　変化といいますかね。私はほとんどクルマで移動していた人間なんですけど、この活動では皆さん自転車で移動する方が多いので、毎日ではないのですが自転車で移動する機会が増えています。自転車に乗っていると、地域というか景色を見るようになった。景色を見ます。公園を見ます。どうやって公園を見るかというと、一秒でも二秒でも自転車を止めて公園を見ていく……、この活動で勉強したことによって、以前よりいろいろなことが見えてきます。例えば、子どもたちが五〜六人いると、それが遊んでいるのか、イジメが起こっているのかといったことも、自然と見えるような気がします。つまり、なるべく地域を見ることを、この活動で覚えました。自分の地域が良くみえるようになりました。

全員 すごいなぁ。

鈴木 私は町会の役員をしています。昨年、町会と行政の懇談の中で、PTAからの要求よりも、町会からの要求の方に重きを置くというような発言もあってショックだったのですが……。その町会に関わっている人間としての私からみると、確かにこの活動自身は素晴らしいのですが、町会というのはまあ何というか……様々な価値観の人が集まっておりまして、全てのことで意志が統一できることはないわけです。合理的な考え方をする人もいれば、そうでない方もいまして。私は合理的に物事を進めることが一番いいのかなと思っていたんです。ところが、無駄なことをしなが

この活動によって地域がよく見えるようになった

らも、町会というのはスムーズに行われるんですよね。合理的にしたがためにイザコザがおきたりすることもあります。つまり、町会という組織の成り立ちというのは、無駄があって合理的に動く。ただしその無駄があるために、この活動をハッキリ見てくれないという弱点もあるんですよね。見てくれる方もいるんですが、そうでない方も沢山いる。数年前に地域の小学校でフィールドワークをしたんですが、町会の役員の皆さまが参加されていました。昨年、その話をその方々にしたら覚えてないんですよ（笑）。そんなこともあって、この活動を、区の公園管理課などが動いてくれたことも、町会として認知したいのですが、難しいですよね。それをちょっと感じました。これ次のテーマの課題になるかな。

司会　色んなことを感じてみえますね。ビデオを回しているだけではないな……。

鈴木　いやぁ、ビデオを回しているだけですよ（笑）。

餌取　先ほど、鈴木さんが景色を見ているというお話をされましたが、私もその景色というか、公園などでも何しているのかなって、知っている子には声をかけるようにしています。子どもたちも餌取さんだって声をかけてくれて、何かあったら声をかけようって形ができました。知らない近所のおじさんにも、知り合った時、挨拶が出来るようになりました。あのおじさんイカツイ顔しているのに、あんなに大きな声で挨拶するんだ、なんてゆうことも知ったりして。今までもあつかましい人間だったけど、あつかましく地域の人に挨拶する人間になったかなと思いますね。

白石　私もそうですね。今まで自分の地域しか知りませんでしたが、他の地域に知っている人が増えて自分の財産になっていて、どこの地域に行っても挨拶できたり、握手できたりする人が増えたというのが、活動してきての自分の財産になっているなぁ、と。青少年委員会でも、話さない人とは話さないのが普通ですが、この活動は他のブロックの人と話すことがすごく多くて、多分青少年委員会の中でも知り合いがダントツに多い……。知ってる人が多くて、これから他のことも何かやろうかなって気持ちになりますね……。

司会　本当だね。将来は老人会等もやって……。知り合いが一杯いるから（笑）。

木村

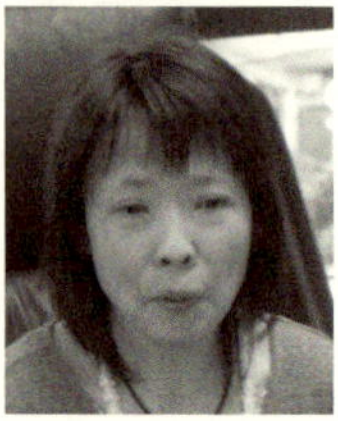

私がここ数年すごく感じているのは、自分の地域って何か心強いなっていう……。というのは、知らない人の中で生活していると、やっぱり不安だと思う。私のなかで、この活動を通してだと思っているのですけど、地域の中にすごく知り合いが増えたんですね。何となく商店街を歩いていると、面倒くさいこともあるんですが、一〇分ぐらいで行けると

ころを一時間半近くかけて行って来ることもよくあるんです。でもこうゆうことがすごく心強いというか、自分が困ったことが起きたりした時に、手を差し伸べてくれる地域の人が一杯いると思えるようになりました。私も鈴木さんと同じように町会の役員をさせていただいているんですけど、町会の人なんかにも、また近所の人とも、とっても知り合いになって、自分のなかではなんとお得な活動なんだろうというか……。そんな地域のおばさんとして、子どもたちともふれあっていこうと今は思っています。

中尾　え〜と。最初の頃はどちらかというと行政に対する不信感がありましてね。全部お膳立てをして、〝これでOKか〟って。〝いやOKじゃないですよ、これでやります〟って。検討じゃなくて、そこで出来上がったものを皆に言って、ハンコもらっているというのをずっと経験してきましたから。地域の人達は、行政には物申さないで〝役所がやってくれるんだから任しておけばいいんだよ〟っていう懇談会になっていたんですね。私のなかでは〝イヤ任せられない〟と思うんだけども……。そんな感じで行政を見てましたから、最初のうち結構反感を持ちました。ところが最近の五回目の講座でうかがったことですが、行政との懇談会でちょっと変化がありますね。前はあんな関係ではなかった。行政も変わってきているし、私達も何か行政をかなり受け入れているというところもあって、まあいい関係でいくのかなって思いました。ちょっと腹立たしいところもあるんだけど、なかなかいい関係でこれからもいけるのかなって。住民は喧嘩しながらというのも大事なんだけれど、相手を認めるのもね……。大きい意味で行政って個人のものでないから、どうしても立場的に物を申している人もいるのですしね。それを理解するようになった。……勢いだけでは出来ないことも気づいてきましたし。

それと私、結構物知りになりました。この活動で知り得たことって、情報として発信できるのですね。例えば、フィールドワークに行った時も、行政が木をすっきり切ってしまったとお聞きして、何でこの木切っちゃったのかな、と思ったりしながら……。場所によっては木を切ることで予想だにしないことも起こってしまう。私たちの拠点にしている公園などは、大きな木を切らないようにお願いしたにもかかわらず、全部切られて生態がすっかり変わってしまっています。以前はいろいろな鳥とか動物とまではいいませんが、そうしたものが一杯いて、自然に親しむにはとてもいい公園でした。今では飛んでくる鳥はカラスだけ……（笑）。これから木が育つには何年もかかってしまいます。やっぱり、花壇があって蝶なども生息し、子どもたちが〝これは何、これは何〟っていう自然がやりたい……。そして、作業する私達が汗びっしょりになって、木があると楽しく作業が出来るということもいろいろ経験して、木一本切るのもやっぱり大事なことが消えていくんだという……こうしたことはこの活動をしないと、そうは身に入らないんですよ。で、他のこともいろいろなことで物知りになりました。

小菅　まあ、今までずっと言ってきたことで。やっぱりこの仕事をして、社会教育という仕事が私に向いているかどうか、何度かやめようと思ったこともあるし、一生懸命やるんだけどつかみどころがないというか、この職のままでいいんだろうかって、悩みました。でも、この活動で皆さんと出会い、皆さんが変わる姿を見て、私はこの仕事をしていて幸せだなあ、と思えたんですね。ですから、私は、後一〇年ぐらいですが、皆さんと直接向き合って、こうした仕事をしていきたいな、と思っています。

司会　最後に、一言づつ今後の課題や期待について。

木村　いろいろなことがありながら、この活動に関わっていく大変さというものを私自身は分かっているので、ちょっとこう一生懸命関わっているお母さんたちに寄り添いながら活動できたら、この活動はもっと広がるんではないかな、と思います。それとまた、自分の地域で年上の人と話すことが、若いお母さん達にとっては結構プレッシャーだったりします。自分もそうした立場にありましたが、今は何となく年上の人達とも話せるようになってきているというか、まあ、有難いことに、皆さんが受け入れてくれているんですけど……。そのパーツになれたら、と思います。若いお母さん達と年配の人達とのパーツになれたら、もっともっと地域が良くなるんではないかな、と何となくですがそんなことを考えています。

白石　とりあえず、青少年委員として、この活動を頑張りたいと思います。それと、行政のなかも縦割り意識をもっと無くして、全体が協力しあって支援してほしいですね。住民には、行政の課や係りの分担は関係ないのですから……。

鈴木

地域を見て回っていても、やっぱりこの活動のせいか、随分綺麗に改善されてきているように感じます。公園は特にそうです。だから、今後は、地域のコミュニティを重視して活動したいです。この活動をもう一〇年やっていますが、どこまで皆さんに知られているかと考えると、多分、私の地域では八～九割で知らない方が多いです。私の力不足もありますが。そうした意味では、地域の人達に周知し、地域のコミュニティを作りながら、地域の人達を巻き込んだ活動にするための「活動」が必要なのかな、と思っています。

司会　そうですね。この活動には調査で参加した子どもたちも含めて、数万人の区民が参加しているんですけど、葛飾四十五万人からみればまだまだですよね。しかし、この活動に三割ぐらいの人々が参加するようになると地域はゴロリと変わります。五割、八割と順番に上がっていくのでなく、ある点でゴロリと質が変わってくる。だから、八〜九割と考えると息切れするけど、鈴木さん、もうちょっと頑張れば……（笑）。

鈴木　じゃあ当面二割……（笑）。

小菅　住民としては、公園一つとってみても、ＰＴＡは〝公園は子どもたちが使うからこうあってほしい〟という願いがあります。しかし、実際には、近所に住む住民の要望みたいなものもあるじゃないですか、その調整は行政では難しい。そうした意味でいうと、まちの人達がどのように要求をまとめていくのかが課題だと思います。一方行政の方を考えると、行政って人によって変わる部分もありますが、人では変わらない部分もあります。部署によっての方針や考え方があるので……。だから、逆に言うと、行政の仕組みをきちんと再構築していく。住民が学習し、成長していく、そうしたことを基礎にしてまちが変わっていく。それを見据えた行政の仕組みというのを、どこまで再構築できるかが課題だと思うんです。

最後に期待を述べます。この活動は、色々紆余曲折があって厳しくなる時もあるかもしれません。しかし、とにかく続けていくことが大切です。何故かというと、今、町会長や地区委員会の会長をやっている人を見ると、かっては青少年委員会の人達なんです。ということは、やがて地域を背負っていく人達は皆さんになっていくわけで……。と考えると、粘り強くこの活動をやっていくと、今後、地域が劇的に変わっていく時が来ると、私は確信しています。

餌取　私も、本当に、ハード面では改善も進みましたが、〝ハード面だけでは、本当に、まちはよくならない、やっぱり人と人との繋がりなんだな〟と、つくづく感じています。縦社会、封建的な地域でも、お花茶屋の人達のように、若い木村さんが町会の役員にも入っていけるという、そういう地域に変化出来ていくといいな、と思います。

それから、継続する為には、やっぱりこの活動をライ

この活動に三割ぐらいの人々が参加すれば、地域はゴロリと変わる

フワークにしなければならないのかな、と思います（笑）。自分の力なさ不甲斐なさを感じますし、一人でやろうとすると大変ですけど、この仲間だけでなく、今までやってきた人達の仲間もその思いにさせれば……。この活動をやってきた人達は、皆同じ方向を向いているんだよ、多くの人がその方向に向いたらもっと変わるんだよ、といったような……。皆そんな温かい気持ちを持てば葛飾区のどこに行っても素晴らしい気持ちになる。そうゆう風な区になったらいいな……。微力だけれど、お手伝いできたらいいな、と思っています。

中尾　え～と。余り展望とかではないんですが、やっぱり心が大事なんだということをもう少し考えたいですね。どんな活動をするにも、心がきちんと入っていないと倒れてしまう。だから、この活動の心、それを大事にしていくと、色々あってもきちんと生き残って続いていくと思います。

それから、〝青少年委員だからやっている〟という状況から、一歩踏み出して推進会にも入ってほしいです。推進会は全く自主的で自発的な組織で、子どもたちに安全で楽しい地域を作っていくことを目的に、この活動のなかから生まれてきた組織です。この会を大事にして、大きく育てていきたいですね。

司会

皆さんがこの活動のなかで、具体的なまちの姿を変えながら、地域社会の主体として自らを成長させてこられた様子が、発言の各所に感じられました。子どもたちを犯罪から守るというこの活動が、骨組みだけの防犯活動ではなく、しっかりと筋肉をつけ、豊かな心を育てる、安全で楽しいまちづくり活動へと発展している様子が、充分に感じられました。そうしたまちこそが、子どもたちの命と心を守り育てていけるのだという、この活動の真髄が発揮されていると思います。この活動の提唱者として、確信を深めることができました。

（発言の要約及び文責、中村）

10　活動に寄り添って

葛飾の活動は年度毎に報告書にまとめられます。その各号に、その年の活動をふり返って、私の感想を寄稿したものを、各号を追って以下に紹介します。

〈地域の教育力を掘りおこし創造する葛飾の人々〉

平成14年度報告集より

子どもたちを犯罪の危険から守る葛飾の人々の活動は、高度経済成長のなかで私達が忘れ去ってきた大切なものを掘りおこし、新しい時代に必要なものを創造していく教訓に満ちたものです。

まず第一に、この活動の基盤には、葛飾という地域が長い伝統のなかで育んできた地域文化が生きています。したがって東京の下町ともいうべき葛飾には、地域住民が力を合わせ助け合って生きていく地域社会がしっかりと存在していました。そこに新しい人々が流入し、街の姿は大きく変貌しました。しかし、一見表面的には激変したかに見える地域の底流に、地域社会は生き続けていたのであります。子どもたちを犯罪の危険から守るといった緊迫した課題を前に、この葛飾の下町の伝統は掘りおこされ再生されました。全国のあちこちで自分にとって地域社会はいらないと錯覚して生きてきた人々が、その愚かさに気が付き右往左往している今日、葛飾の人々は、その伝統に助けられ、〝地域社会で子どもを守る〟という当然にして王道の活動を展開しようとしているのです。だから、この活動は地域住民が主体であり、それ故に一時的なものではなく永続性が十分に担保されたものであります。

二つ目には、住民と行政が新しい関係を生み出してきていることに注目すべきです。地域の変容によって良くも悪くも一番大きい影響を受けるのはその地域の住民です。したがって、地域住民は、その地の変容に一番の権利も責任も持っているのです。このことを前提にしながら、役所の関係各課や警察とのパートナーシップの関係を育てつつあります。これには自主的で自覚的な住民自身の成長と共に、住民を信頼し共に育つ覚悟をもった行政の存在が不可欠です。不幸にして、日本ではこうした両者の関係は極めて貧弱であり、相互不審の壁は大きい。しかし、こうした状況の打開に向けて両者の努力がないかぎり、子どもたちを犯罪から守るまちづくりは本当の成果を得ることは難しいのです。この新しい時代の創造的な挑戦に向けて、葛飾のこの活動は確かな足どりを始めています。

三つ目は、こうした活動を推進していく〝要〟として社会教育の存在に注目したいと思います。葛飾のこの活動は、社会教育の存在なしには語れません。社会教育のあり方が世に問われている今日、地域住民の生活上の重要な課題に実践的な学習の場を設定し、不慣れな住民を地方自治（まちづくり）の主体として育てていく活動こそ、社会教育に求められている今日的な姿です。こうした活動は決して社会教育の民営化によってできるものではなく公的存在としての社会教育が不可欠です。葛飾のこの活動に関わった多くの区民が葛飾の社会教育の必要性を強く感じ、その活動の強化こそ求めても、不要などと考えた人はいないと思います。それ程、重要な役割を果たしているのです。

平成16年度報告集より

〈犯罪から子どもたちを守る葛飾のまちづくり〉

犯罪から子どもたちを守る葛飾のまちづくりも、亀有社会教育館の講座から数えて四年の月日を重ねてきました。この間にも、全国のあちこちで、子どもたちが痛ましい犯罪の犠牲になる事件が続発しています。こうした状況を踏まえて、心を痛める多くの関係者達が葛飾のこの活動に関心を深め、全国に広がってきています。皆さんの取り組みは、その最先端を切り開くものとして、この地の子どもたちを守ると共に全国の子どもたちを犯罪から守る大切な役割も果たしています。

この活動には次のような特徴があります。一つは取り組みの仕方が具体的で誰にでもできるように工夫されています。私がこの研究に取り組むにあたって既往の研究を検討した時、特に欧米に於いて幾つかの研究成果が見られました。その中でも犯罪空間の特徴として、見通しの良い「可視性」や、コミュニティ意識としての「領域性」といったことの大切さが、具体的な調査のうえに抽象化・一般化されていました。しかし、これをそのまま借用して、日本で普及するには、幾つかの点で疑問を感じました。一つは実際に犯罪が起こる場所はこれらの要因が複雑に絡み合っているのではないかということです。「可視性」や「領域性」といった要因に分解することは研究的には興味があっても実際的ではないということです。分析的手法はその一方に総合化の手法を持たないと実際的ではないということです。犯罪が発生した場所を具体的に見ていく方が実際的で有効だと判断しました。疑問の二つは抽象化された知識（頭）から入る活動でなくもっと五感を使った具体的活動から入るべきだということです。この活動は住民自身が中心ですから、できるだけ取り組みやすいということが大切なわけです。三つは欧米の研究成果は参考にしつつも、それをそのまま導入し普及させることに、研究者としての抵抗がありました。日本には日本固有の生活があり文化があり地域社会があるわけで、これらを踏まえて借り物でない国情にあった創造的な方法が必要だと考えたわけです。その後の実際の活動の進行をみると一小学校区で、二〇〜三〇箇所も危険箇所が出てくるわけですから、地域の主な危険箇所は炙《あぶ》り出されてくるわけでこの方法で抜け目はないことも明らかになっています。この方法の延長線上に地域の潜在的危険箇所も見えてくることが明らかになっています。

この活動の二つ目の特徴は、子どもたちの安全を守る第一義的な責任が大人たちの側にあることを明確にしていることです。子どもたちへの安全教育を中心に据えるのでなく、あくまでも大人の責任において子どもたちに安全な地域環境を作っていくことを中心にし、その一環として子どもたちへの安全教育も位置づけていくものです。元来、子どもたちは安全な環境の中で伸び伸びと生活していく権利を有しており、それを保障していく責任が行政をはじめ大人の側にあるという考えに立つものです。そのための活動を地域社会が全体として進めながら、子どもたちにも自他の安全を守る力を促していこうというものです。子どもたちが自分たちの安全のために努力する大人や行政等の活動を身近に感じながら育つ環境のなかで、彼らをして次世代の地域社会を背負う大人へと育てていこうというものです。

この活動の三つ目の特徴は、地域住民と行政や警察の協働で子どもたちの安全を守るところにあります。この活動の中心は子どもの親を中心とした地域住民です。毎日を子どもたちと地域で生活するのは地域の大人たちです。この人々こそ地域で子どもたちを守っていく中心的な責任と権限を持っています。このことは、この活動の全体を貫いています。具体的には、犯罪の実態を調査し、ワークショップで犯罪危険箇所を点検し、一つ一つの改善計画を検討し、計画内容の実行を促していく活動の中心は、地域住民です。しかし、このことは行政や警察の責任を軽々に扱うものではありません。こうした活動の推進には社会教育や地域振興の行政等の支援が重要であり、改善計画の実行に際しては行政各部局や警察等の自覚的な参加が必要です。地域住民と行政や警察の協働によるまちづくりという今日的な活動スタイルがこの活動には必要なのです。

〈葛飾の文化を刻む〝子どもを守るまちづくり〟〉

平成17年度報告集より

葛飾の〝子どもを守るまちづくり〟の活動は、確実に葛飾の文化を刻みつつあると言えそうです。文化とはその時代その時代に人々が人間らしく生きようとした生活の仕方であります。今の時代の大きな課題は安全安心な社会をどのように取り戻すかということであり、その中でも〝子どもを犯罪から守る〟ことは中心的な課題の一つです。こうした課題に真摯に取り組む皆さんの活動は、葛飾の地域に大きく広がりしっかりと根を張って、この時代に葛飾の地で生きた人々の生き方として足跡を刻みつつあるのです。文化とはこうしたその地に生きる人々の人間らしい生き方を求める日々の営みなしに出来るものではありません。この意味で、皆さんの活動は、子どもを犯罪から守ることを通して葛飾らしい文化の創造に貢献しているのです。どうかそうした気概をもって活動を続けてほしいと思います。

葛飾の活動は全国的にも注目されています。それは「子どもを犯罪から守る」活動の王道を進んでいるからです。子どもたちから危険な現状を教わり、大人の責任で危険な環境の改善に取り組むことを中心に置いて、併せて子どもたちにも注意を促していく活動です。申すまでもなく、子どもたちを取り巻く今日の危険な状況は、子どもたちが大きく変化したわけではなく、子どもたちを取り巻く環境が大きく変化し劣化していることに起因しています。したがって、対策の中心も劣化した環境の改善が中心になるものであります。ここを中心にして、併せて子どもたちの注意力をも喚起していくものです。逆に、劣化した環境を受け入れて子どもたちにそれへの対応力を求めることを中心とする活動では現状の冷静な分析を踏まえた科学的な展望はないでしょう。無理な効果を求めたりすれば、子どもの人格形成に少なからず影響を及ぼすことになりかねません。国や自治体をはじめ大人の責任で劣化した環境を改善しつつ子どもたちへも注意を喚起していく。両者の主従関係を踏まえた対策が必要なのです。葛飾の活動はこうした王道を踏まえた活動です。やればやるほど前途が見えてくる科学的見通しのある活動に自信を持って取り組んでほしいと思います。

葛飾の活動は大人が先頭に立って実行していく活動です。大人は教える側で実行するのは子どもたちという活動ではありません。子どもたちを守る大人達が目に見える活動です。〝地域の大人が俺たちのために働いている〟こうしたことを肌で感じる環境の中で育つ子どもたちは、大人になれば地域社会に目を向け協働する力を育てていくことでしょう。地域の教育力とは本来こうしたことを言うのではないでしょうか。地域が受け継がれ世代間が繋がっていくなかで、子どもたちの社会性が育《はぐく》まれていくのです。地域で支えられている実感がない中で一方的に地域社会への奉仕を求められても本当のものにはなりません。子どもたちを犯罪の危険から守る葛飾の活動は、地域で子どもたちを育てていく活動でもあり、地域の未来の担い手を育てていく活動でもあるのです。

今年の取り組みは二十余の学校で進められました。この四年間で葛飾区全域の面積で過半を越える地域で取り組まれたことになります。大都市の中でこんな地域は他にはありません。まさに全国的にも突出したものです。具体的に目に見える成果も少なくありません。広がりの面においても深まりの点においても注目されるものです。しかし、期待される成果からみれば緒《しょ》に就《つ》いたばかりであります。子どもたちはいささかの改善があるとはいえ、日々危険な状況にあることには変わりはありません。活動は継続され、人々の輪が広がり、具体的な成果も積み上げていかなければなりません。又、未だ取り組めていない地域の仲間達に誘いの手を広げていかなければなりません。今年度の素晴らしい成果を喜びつつ次の課題に向けて新たな一歩を期待しています。

〈根を張り花を咲かせ始めた葛飾の活動〉

平成18年度報告集より

子どもを犯罪から守る葛飾区民の活動は、地域的広がりでも区域の過半を越え、参加した区民も五ケタ（万）を数え、具体的対策でも全国に先駆ける成果をあげつつあります。

取り組み始めて五年余という歳月が、地域に根を張り花を咲かせ始めてきたのです。安全・安心の活動にとどまらず、どのようなまちづくりの活動でも、活動を始めて具体的成果が見え始めるには歳月が必要です。歳月をかけ活動を続けてこそ、振り返って彼方を見たときに、そこに活動の足跡を発見することができるのです。まちづくりの活動は一〇年一区切りといってもよいでしょう。一〇年継続して初めてその発展の足跡を確認できるものなのです。単年度の取り組みで多くの成果を期待するのは無理というものです。その意味では、葛飾の活動は半区切りではありますが、この間の精力的な取り組みによって、着実な発展の足跡をきざみつつあるといえます。五年余という歳月の重みを除いて、この活動を語ることはできません。

子どもたちを痛ましい犯罪の危険から守るために、様々な取り組みがなされています。この対策に万能薬などない中で当然のことでしょう。そうした取り組みの中で、この活動の特徴は、大人を中心とする地域社会の責任で、子どもたちの社会環境を安全・安心できるものへと改善していく点にあります。今日の痛ましい状況は、子ども自身の生活の変化に大きな原因があるのではなく、彼らを取り巻く社会環境の激変・劣化に、大きな原因があると考えるからです。したがって、大人を中心とした地域社会が、激変・劣化した子どもたちの社会環境の改善にしっかりと取り組むことを中心において、彼らの安全対策を進めていこうというものです。

社会環境の改善という場合、具体的には、一つは、子どもの日常生活する空間を安全の視点で見直すことです。安全神話の上に胡座《あぐら》をかいてつくられてきた学校、公園、通学路をはじめ、まちそのものを安全の視点で見直し、危険要因を検討して改善していくことです。この点でも葛飾には少なからぬ成果が見られるようになりました。二つは、子どもを育てる地域の大人たちのコミュニティを、育成強化していくことです。生活空間だけが安全になっても、そこにいる子どもたちに目を注ぐ大人たちがいなければ子どもたちは守れません。バラバラになり地域など不要と考える大人を前提にして、子どもたちを守ることはできないのです。葛飾の五年余の活動から、若いＰＴＡのお母さんお父さんたちから自治会・町内会、更には民生児童委員や地区委員、そして何よりもこの活動でたくましく成長する青少年委員会の面々と、地域で子どもを育てていく大人たちのコミュニティが育っています。三つは、地域の住民と行政との成熟した関係の構築です。地域で子どもたちを守る中心は、子どもたちと生活を共にする地域住民です。しかし、そこから発せられる様々な施策（例えば街灯の設置、公園の改修、パトロールの充実等々）を具体化していくためには、行政や警察の権限や財源が不可欠です。即ち、この両者はお互いに相手の立場を尊重しながら、子どもを守り育てるパートナーとして成熟した関係を作っていくことが必要なのです。これは、言うは易しく実行はなかなか難しい課題であり、葛飾では、時には衝突を繰り返しながらも、この点でも着実な成長をみせてきています。ここには、行政と住民の架け橋としての社会教育の果たしている役割が注目されます。社会教育のあり方が問われている今日、一つの方向性を示すものとしても全国的にも注目していい活動といえましょう。

子どもたちを犯罪の危険から守る防犯活動として出発した取り組みではありますが、葛飾の活動は、その領域を越えて、安心にして楽しいまちづくりの活動へと発展をし始めています。小学校区を一つの基本単位として、子どもたちの安全を一つの核にしながら、楽しいまちづくりの活動へと日常化していくことが、今日の日本の〝子どもを犯罪から守る防犯活動〟の発展方向でありますが、そうした方向を明確にし始めているといえるのです。こうした方向を不動のものとして、この活動が葛飾の地に根を張っていけば、それは必ず二十一世紀初頭の葛飾の人々の生き方をきざみつつ、やがて葛飾の文化として成長していくものといえるでしょう。

最後に、この取り組みの中で、或る学校の校長先生が「この活動は子どもたちをも育てています」と感慨深く述べられたことを紹介しておきます。今日、子どもたちの社会規範や社会奉仕といった視点が欠落していて、こうした能力をどのようにつけていくかが大きな社会問題にもなっています。地域の大人たちが自分たちを守ってくれる。そうした意識が、子どもたちの中に生まれてきているというのです。子どもたちに規範や奉仕といっても、彼らがその社会に支えられているということが自覚されない限り、それは一方的で、決して子どもたちの自発的行為を生み出すものではありません。彼らの日常生活の場で、地域の大人たちが彼らを守るために働いている。それが無言の子どもたちへの教育になっており、やがて大人になった時に、彼らに地域社会で何をするべきかを示しているというのです。社会の規範や奉仕というものは口で教育するのではなく、実際の日々の行動で教えていくものなのです。こうした点でもこの活動は注目されている活動であります。緩やかでも着実な前進を期待しています。

〈防犯活動から安全安心なまちづくりへ〉

平成19年度報告集より

葛飾の犯罪から子どもたちを守る取り組みも六年余の歳月を積み重ねてきました。活動の中心に座る面々も着実に世代間の受け継ぎを感じさせるものであります。ＰＴＡのメンバーは年々変わっていくのは避けられないとしても、住民と行政の橋渡しをしていく青少年委員会の代替わりも着実に進行し、町内会や自治会等の地域組織の面々も穏やかではあるが次の世代へと変化し、行政の担当者も新しい顔が加わりました。そしてこうした変化は前任者達が解散するのでなく、一歩下がって、後方からしっかりと新任者達を支え見守りながら進んでいます。関係者達のしっかりと将来を見通した取り組みの成果があらわれているのです。

痛ましい子どもが犠牲になる事件が発生する度に、日本の津々浦々で子どもたちを犯罪から守る防犯活動が取り組まれ、今やこうした取り組みが全く見られない地域を探すのは難しい状況が蔓延しています。そしてこうした地域がほとんど例外なく抱えている問題が「事件を契機にして立ち上げた活動を如何に継続させていくか」ということです。少なからぬ地域で「何時迄続けたらいいのか」といったことが大きな問題になっています。立ち上がった取り組みの多くが高齢者に依存しており、何時迄も続けるとなると体力的な問題も生じてきます。現役の親達には仕事をはじめ日常生活への影響も少なくないのです。しかし、日常生活における子どもたちへの犯罪の危険という問題の性格からして、何時止めてもよいといった期限の切れるものではなく、いわば継続こそポイントなのであります。

継続という困難にして要ともなる問題に、葛飾の活動は上手く対応してきているといえます。前任者達から新任者達へ活動が受け継がれ、穏やかに代替わりが進行しているのです。この点でも葛飾の取り組みは全国に一つの見本を示しています。

私は、地域づくりの活動は少なくとも五年（本来は一〇年）が一区切りだと考えています。即ち、一つの課題に五年取り組んで初めて後ろを振り返った時にその足跡を確認することができるというものです。一年や二年では取り組みの成果などなかなか判るものではありません。五年続けて初めて足跡も成果もやっと確認できるものなのです。

葛飾の活動は関係者達の弛まぬ努力によって、第一段階での足跡と成果をはっきりと確認できるものにまで成長してきたと思います。そして、次なる段階に向けて、新たなる展開が期待されているのです。同じ活動の延長ではない、新たなる課題への挑戦です。新たなる課題とはなにか、全ての課題を包含して相対的に表現すれば、子どもたちを犯罪の危険から守る防犯活動から、安全にして安心なまちづくり活動へと取り組みを普遍化日常化していくことでありま す。もともと葛飾の活動は、そうした視点を持つものですが、防犯という緊急の課題を切り口にして、安心なまちづくりへと意識的に発展させていくことです。そもそも犯罪の危険等という問題が大きくなってきたのは、ハードな側面では空間（建築）と空間の関係が断ち切られ、街としてのまとまりが崩壊し、ソフトの面では人と人との関係が断ち切られ、地域社会が崩壊してきていることに起因しています。犯罪に強い街とは、空間と空間、人と人が関わりあって生きていく地域を再生させていく取り組みなのです。この壮大なる次の課題に向けて発展していくことを期待しています。そうした方向に更なる一歩を踏み出す時、子どもたちや教師の安全教育や防犯カメラ等の器械に過大な期待をかけていく取り組みとは違う、大人が先頭に地域社会が責任を持ち、人間力を基本にして子どもたちを犯罪から守る、葛飾の取り組みの特徴が鮮明になっていくのです。

〈地域文化として育ち始めた葛飾の取り組み〉

平成20年度報告集より

文化豊かな地域はどの行政でも大きな目標になっています。でもそれは必ずしも成功してはいません。文化とは、言うは易しく実現はなかなか難しいものなのです。文化とは平たく言えば——人間が人間らしく生きていく生活の仕方——なのです。そこには幾つかの要素が含まれています。まず何よりも時間の要素が必要です。思いつきで短期間の生活行為では文化になりません。生活の仕方、即ち日常的な生活の様式として定式化されていることが必要なのです。繰り返し行われていく時間の概念が不可欠なのであります。だからいくら行政が〝文化都市〟を歌い上げても、時間をかけた息長い活動がなければ、文化都市は出来上がらないのです。

また、いくら時間をかけてもその行為が人間らしく生きていくものでない限り、それもまた文化とはいえません。長く続く戦地や戦争器具作りではそれは文化とはいえないでしょう。——人間が人間らしく生きていくために時間をかけて作り上げて地域の自然な姿になってきているもの。その時代にその地の人々が力を合わせて地域のために作り上げてきたもの——それが地域文化なのです。

葛飾の子どもを犯罪の危険から守る取り組みは紛れも無く二十一世紀初頭の葛飾の文化として定着しつつあります。この時代、激変する社会情勢の中で子どもたちは痛ましい犯罪の犠牲になっています。日本中が、否《いな》世界中といっても良い、こうした状況から子どもたちを守ることに関心が注がれています。そのなかで、この葛飾の活動は、地域の大人達の責任で子どもたちの生活環境を安全にすることを中心にした特徴ある取り組みです。子どもたちに安全教育をして自己責任能力を求めることが中心ではありません。何よりも、大人社会の責任で子どもたちの地域環境を安全にしていこうという取り組みです。

こうした活動が七年余の歴史を経て毎年のように続けられ、取り組む地域も葛飾区域の過半を越えてきています。紛れもなくこの活動は、二十一世紀初頭を代表する葛飾の子育てとまちづくりの文化として育ちつつあるのです。そんな気概を持って多くの区民がこの活動を進められることを期待したいものです。

〈次なる新しい段階へ向けて——成果と課題〉

平成21年度報告集より

今年度もこの取り組みは四つの単位小学校・中学校と二つの地区委員会で取り組まれました。八年を経て、区内の六割強の地域で取り組まれてきたことになります。今年は、幸いなことにマスメディアを賑わすような、子どもが痛ましい犯罪の犠牲になる事件が余り見られず、全国各地で湧き上がった子どもを犯罪から守る諸活動も沈静・低調化しています。そのなかで、葛飾のこの活動は、着実に地域に根を張り前進してきていることをうかがわせるものであります。

今年の活動を特徴づけるのは、八年間の取り組みの中で、当初から取り組んでいる地域と、新しく参加する地域との間で、参加への知識や経験だけでなく地域の安全状況にも大きな温度差が生まれてきていることです。この課題に対処するために、今年度は取り組みの仕方を大きく変えました。これまでの取り組みの、各段階毎に皆で集まってそれまでの成果を確認し次の課題へ進んでいくやり方を変え、スタート段階で全体の流れを確認し、その後は各地域の事情に合わせて各地域個別に取り組み、最後に行政との懇談に臨むという形式にしたのです。理屈の上では温度差に対処したようになってはいますが、結果的には余り良い方法ではありませんでした。取り組みの節目節目で関係者が全体で集まってお互いに顔をつき合わせ、それまでの成果と次なる課題を確認することは、お互いが刺激し合い全体で取り組みを盛り上げていくためには極めて重要な意味を持っていたのです。

また、各地区の取り組みを担当者を決めて個別に指導していく青少年委員との連携にも困難が生じました。取り組みの全体を、各担当青少年委員が任されて指導していくのは、荷が重すぎたのです。青少年委員もまた数年で変わるのであり、彼等もまた節目節目で自らの役割を確認し、全体の流れを摑《つか》んでいくことが大切だったのです。取り組む地域の人々や青少年委員と、担当課である生涯学習課との連携にも難が生じました。担当課としても全体の流れを常時理解し、適切な助力をしたりすることに手間取ったのです。関係者全員が時々集まって、直接顔を突き合わせることは、想像以上に大切なことであることが確認されました。この点を踏まえて経験差からくる地域間の温度差を乗り越えていく手法や、全体で取り組みを前進させていく一体感の醸成を図っていく方法が必要になっています。

この他にも幾つかの課題が表面化してきています。取り組みの当初から毎年のように着実な取り組みを重ねてきている地域では、環境改善も進み、犯罪危険箇所が大きく減少し、これまでの方法ではワークショップで取り組む危険箇所がほとんど無くなってきています。こうした地域では子どもたちから危険箇所を調査しその改善に取り組むという方法に変わる新しい取り組みが必要になっているのです。何故ならば、被害に遇った危険箇所は無くなっても、潜在的危険箇所は散乱しており、地域の安全は磐石《ばんじゃく》とはいえないからです。

では次なる活動とはどんなものでしょうか。この取り組みでは地域が危険になってきている要因として、①犯罪防止の視点が欠落した地域空間、②昼間に地域の大人の姿が見えない地域の空洞化、③子どもを育てる地域コミュニティの弱体化、④住民と行政の協力関係の未成熟、の四つをあげています。

先進地域では、①を中心に③④等では成果を見せてきているのですが、地域の空洞化についてはなかなか難しくて成果に乏しいのが現状です。即ち、子どもたちが地域で生活する昼間に大人の姿が極めて乏しいのです。いくら空間が改善されても、そこに居る子どもたちに目をやる地域の大人が居ないのでは安全は確保されません。先進地域ではこの課題に先駆的に取り組むことが必要になってきています。昼間に地域の大人の姿が見える地域づくりの課題への挑戦です。その為には何よりも子どもたち同様に地域を生活の拠点とする高齢者の生活に着目することです。既に彼等は防犯パトロールの中心になっていますが、こうした一時の奉仕的活動に止まらず、彼等自身の要求に根ざして、昼間、元気なお年寄りの姿があちこちに散見される地域を作り上げていくことです。

この他にも地域の商店等の活性化も課題になってきています。子どもたちを犯罪から守る「防犯活動」として出発した活動は、次のステップとして、高齢者福祉対策や地場産業振興策等とも連携した、地域の大人の姿が見える「安全なまちづくり」の活動へと活動を前進させていくことが期待されているのです。葛飾の取り組みはこうした新しい境地を切り開くところまできているのです。

取り組みが抱えるこうした課題に答えていく為には、行政の側にも住民の側にも新たな対応が求められています。

行政側の対応としては、生涯学習課を母体として出発した活動ではありますが、子どもの安全を基軸にした総合的な取り組みが必要になっています。子どもの安全を基軸にし、地域づくりの主体としての地域住民と関係行政機関を結ぶ中核に、成人教育を主任務の一つとする生涯学習が位置するのは「まちづくりは人づくり」という趣旨からしても極めて適切です。しかし、そこから出てくる様々な課題は生涯学習で対応できるものではありません。これまでのように公園、道路、安全対策、学校教育、警察等の他に、都市整備、商工、農業、福祉等の、まちづくりに関わる機関の参画が必要になってきているのです。

住民が主体となるまちづくりは行政にとっては重要な課題ではありますが、なかなか難しい現実があります。しかし、ここ葛飾では子どもを犯罪から守るという緊急にして切実な課題を契機に、住民の主体的で積極的な活動が、行政の先駆的で地道な支援の下に、着実に成長してきています。これを葛飾の特徴ある財産として着目し、支援に必要な行政側の体制の整備が求められているのです。

住民の側にも新しい課題が鮮明になってきています。「環境改善計画」（安全プラン）の中で出てくる問題は住民相互が中心になって解決すべきものが少なくないのです。住民相互の矛盾として表出してくる問題が少なくないのです。公園の照明と周辺住民、子どもたちの声と周辺住民、モラルとしてのゴミの散乱等々。これらの問題は住民相互の問題解決能力が問われるものです。住民の自治能力といっていいかもしれません。地域コミュニティの問題解決能力を高めることなくして安全なまちを作ることは出来ないのです。

私が体験した一つの事例を紹介しておきましょう。

数年前に私はＮＨＫのラジオで公園作りの話をしたことがあります。公園は地域のリビングルームであり、公園を見れば地域のコミュニティの成熟度合いが分かるといった内容でありました。それを聞いた京都の母親からテープを送ってほしいという申し出がありました。全国放送で視聴者の申し出に一つ一つ答えていたら大変だなぁ、と思いながらも何か事情があるのだろうと思ってお送りしました。返礼と共に事情を説明した文章が添付されていました。内容が余りにも感動的だったので、後日当地を訪れてみました。数十年も前に開発された団地の児童公園（街区公園）の中央に高さが一〇メートル余、横幅が四〇メートル程もあろう築山《つきやま》がでんと構えた型破りな公園での出来事でした。この築山はあちこちに子どもたちによって穴が掘られ、頂上に向かって自転車のモトクロスが出来るような土道が作られ、今も昔も子どもたちの人気の遊び場です。最近、この築山の裏側がタバコを吸う若者等の溜り場になり、子どもの親達の間で危険だから撤去すべきだという意見が出され、その意見と、子どもたちの楽しい遊び場なのだから撤去すべきでないという意見とが鋭く対立していたのです。ここの親たちが私のテープを聞いて、築山を残しながら、公園内の数カ所に美しい花壇をつくるという素晴らしい解決策を導き出していったのであります。この時、私は「住民は一時は対立しても、必ず歩み寄り解決策をつくりだすことができる」という確信を持つことが出来た次第です。

平成22年度報告集より

〈葛飾の地に根を張り花を咲かせ始めた人々〉

今年度の活動を締めくくる報告会も、「各団体の報告を聞き、いろいろなことをして成果が出ているのに感心しました。ＰＴＡだけではなく、地域との活動にすることの大切さが解りました。公園＝地域のリビングルーム、確かにそれは子どもにとって安全で楽しい公園だと納得しました。大人の意識改革も必要な気がします」といった参加者のアンケートにも見られるように、多くの成果を収めつつ盛会のうちに一区切りし、残すは区庁舎でのポスター展示だけです。既に関係者の関心は次年度に向けた取り組みの準備に向けられています。

活動を始めて九年、いよいよ来年は一〇年の節目を迎えます。この間活動は途切れることもなく、葛飾の地に根を張り、着実に成果の花を咲かせてきました。どうしてこうしたことが出来たのでしょうか？　もちろん子どもたちの安全を願う多くの住民のたゆまぬ努力があってのことですが、もう少し立ち入ってこのことを検討しておくことも有意義かと思います。

一つは、この活動が犯罪から子どもの命を守るという地域住民の願いに答え、取り組むことによって、その願いに確信を与えていくことができているからです。地域の危険箇所が確認され具体的改善に取り組むと共に、住民相互の子育てのコミュニティが着実に育っています。ハードとソフトの両面から総合的な安全対策を進めていくわけです。また、地域住民が先頭に立って自らの心と体を動かし、子どもたちの地域環境を安全なものにしていく活動は、地域で子どもたちを育てていく地域教育の王道をいくものでもあります。

二つは、この活動が子どもたちを防犯から守る取り組みからスタートしつつも、弱体化しつつある地域社会の再生という大きな課題に発展していく必然性を持っているからです。子どもたちは紛れもなく地域を拠点に生活しています。彼等が犯罪の危険性に晒されているということは、地域社会の弱体化に大きく起因しているのであります。したがって、子どもたちに安全な環境は、弱体化している地域社会の再生を必然的に求めてきます。葛飾の取り組みも回を重ねると共にこうした傾向を強めています。孤立化し地域を失っていく大人達を結びつけ、地域を再生していく大きな足がかりにこの活動はなっているのです。

三つは、活動単位が重層的であることです。活動の基本単位は住民の身近な小学校区です。しかし各校区は孤立せず、葛飾区全体で歩調を合わせつつ連携して取り組みを進めていく工夫がされています。年間を通して、有機的に連携することによって、遅れた校区を引き上げ、先進校区の成果を全体に広げていくことが極めて自然に出来ているのです。各校区は一人ぼっちではないのです。途中で元気をなくしたり逆に慢心に陥った校区も、別の校区から新しい刺激を受け、生気を取り戻していくことができるのです。全国で取り組まれている様々な地域活動の中でも、葛飾のこの取り組み方はユニークでなかなか真似の出来ない優れた特徴といえるでしょう。

四つは、活動の両輪とも言うべき住民と行政の相互理解と協働が育っていることです。両者とも「子どもを犯罪から守る」という思いは同じでも、相互理解と協働が上手くいかないのが、多くの地域の現状です。この活動でも取り組み始めた当初はなかなか上手くいきませんでした。どうしても両者は構える関係からスタートしました。わが国の両者の歴史的関係から考えれば、それは当然のこととして始めました。大切なのは両者が相互理解を深め、自己変革をしつつ成長していくという視点を持つことでした。この視点を大切にし、現状での誤解や対立を恐れないことでした。こうした態度は両者の相互理解を深め、大切なパートナーとして相手を捉える土壌を育てています。

五つは、住民の側の活動を継続させていく為の青少年委員会やOB等による「子どもを犯罪から守るまちづくり推進会」といった支援組織の存在です。各校区での取り組みの中心は現役のPTAの会員です。彼等は年度毎に変わっていきます。この活動に継続性を持たせていく為には彼等の後方で彼等を支え活動を継続させていく組織が必要です。また、町会や自治会、行政・警察関係に渉《わた》りを付けていくことも必要です。この活動はこの点でも優れた組織形態を育てています。

六つは、ここに挙げてきた幾つかの優れた活動の特徴を、一貫した見通しのもとに支援し、育ててきた葛飾区行政とりわけ教育委員会の社会教育担当部局の存在です。行政として当然のこととはいえ、卓越した手腕を高く評価しなければならないと思います。

平成23年度報告集より

〈次なる一〇年に向けて〉

「子どもを犯罪から守る」葛飾の活動も一〇年目を迎えたことになります。この間、途切れることもなく着実に地域で受け継がれ、目に見える空間のハードな面でも目には見えづらい子育てのコミュニティのソフトな面でも着実な成果を重ねてきました。この間に取り組んだPTAは五十二校で、区全体の七十三小・中学校の実に七割を超えることになります。葛飾の地は毎年地域のあちこちで、地域の大人達による「子どもを犯罪の危険から守る取り組み」が展開され、お互いが刺激しあい励ましあって、葛飾固有の子育ての文化を育ててきているわけです。

一〇年目になる今年も一九〇人余の人々が集まった、六月の「子どもの安全を考えるつどい」からスタートし、十七のＰＴＡで取り組まれ、十二月には報告会を終え、後は区役所ホールでの地区毎の計画の展示会を残すだけとなりました。

「地域づくりは一〇年一区切り」、これはこの活動を始めた時に申し上げた言葉です。地域づくりの活動は単年度で成果を期待するものではない、一〇年続けて振り返った時、そこには確かな足跡と成果を確認できるものであるということを意味しています（変化の激しい今日でも、五年余りは成果を焦らずに続ける覚悟が必要です。その意味では二区切り目ということになるかもしれません）。何故ならば、子どもたちの環境として地域社会が危険になり始めて四〇年余の年月が経ちます（戦後減り続けた犯罪が一転増加し始めるのは一九七〇年代になってからです）。したがって、こうした状況を改善していく為にはそれなりの時間と労力を覚悟しなくてはならないのです。アタフタと単年度で対策をとって地域が安全になるなどといった安直な考えを戒《いまし》めるものです。もちろん応急処置は必要ですが、変質し傷んだ地域を根本から修復し改変していく為には、それなりの時間と労力が必要です。（これはどんな課題の地域づくりにも共通することでしょう。地域とはそうした性格のものなのです）。葛飾の地ではこうした努力が営々と続けられてきたわけです。

さて、こうした一〇年の成果の上に立って、次なる一〇年を展望した時に如何なる課題が見えてきているのでしょうか？　十二月の取組団体報告会から浮き彫りになってきた幾つかの課題について考えてみます。

課題の一つは区域全体にこの取り組みを広げていくことです。七割以上の学校に活動が広がったとはいえ、三割弱の学校ではこうした取り組みが未だ経験されていません。取り組みの中で得られる成果や、共に取り組む中で得られる感動が、全ての学区で得られる状況にはなっていないのです。この壁を乗り越えていく為にはどのような工夫が必要でしょうか？　その為にはこの活動の四年目に始めた取り組みが参考になります。それまでは広報等で希望校を募り、毎年応募してくる数校を対象に取り組んでいました。こうした取り組みでは広がりに大きな限界がみえてきました。そこで出来るだけ多くの区民にこの活動の中味と成果を知ってもらうことにしました。即ち、興味を持って集まってくるのを待つだけでなく、相手が直接興味があるなしに関わらずこちらから出て行って、まずはこうした取り組みの中で得られた成果や感動を話していくことにしたわけです。区内の小・中のＰＴＡの研修会で、こうした機会を設けていただきました。これは想像以上に大きな成果がありました。この年は二十二の小・中学校で取り組まれ、今日の全区的な広がりの基礎が築かれました。ここから教訓を引き出し、待ちの姿勢ではなく、もう一段積極的に、活動への確信を知らせていく工夫をしていきたいものです。

課題の二つ目は、この活動の中心は、子を持つ保護者を中心にしたPTAがなるものですが、「実行計画」に挙げられた様々な地域課題の解決には、もっと広い住民・地域組織の参画が必要になってくるということです。このことはこの一〇年間の取り組みの中でもハッキリしてきていることですが、とりわけ今年度の取り組みの中では各校に共通した課題として浮き彫りになりました。特に、地域課題の解決に取り組もうとすればするほど、この壁に直面しています。区全体として、住民段階でも行政段階でも、この課題への正面からの取り組みが必要になっているのです。今年度の報告では、この課題についても、幾つかの校区では先駆的な取り組みが見られています。これには大きくみて二つの傾向があります。一つはこの取り組みを契機にPTAが中心になりながらも町会・自治会等の地域組織の参画を得て、新しい組織を立ち上げていくタイプです。今一つは既存の青少年健全育成地区委員会の活動の中にこの活動を取り込んでいくタイプです。このどちらのタイプを取るかは、それぞれの地域の特長によって異なるものですが、それぞれ一長一短があるようです。前者は、PTAや学校が中心になって地域組織を立ち上げていく経験が浅く、町会・自治会等との連携には工夫が必要です。最近盛んになってきている学校地域応援団のような取り組みの活用も見られます。同じ地域組織といっても、若い保護者を中心にしたＰＴＡと、比較的高齢者の役員が中心な町会・自治会とは、日常的な活動での連携は余り見られず、お互いに距離感が相当あるのが最近の状況です。これに学校選択制が加わり、両者の連携を一層難しくしています。後者のタイプでは従来からＰＴＡの活動に地域組織の支援は受けやすいのですが、これが時にはＰＴＡの主体的な取り組みを弱め地域組織に依存しがちな状況を生み出しています。子どもを犯罪の危険から守る活動は地域挙げての活動なのですが、その中心は子を持つ保護者が担わなければなりません。そこの所が曖昧になる傾向が見られる場合が少なくありません。この二つのタイプはそれぞれ長所と短所を見せながらも、ＰＴＡ中心の活動から、地域組織との連携という新しい課題に先駆的な挑戦をしています。それぞれの取り組みの今後の展開を見守りながらも、そこから教訓を引き出し、「実行計画」の実現に向けて、一段と広い住民や地域組織との連携のあり方を構築することが求められているのです。

第三の課題は、取りあえずの対応策を中心にした活動から、楽しくて安全な地域づくりの本格的な活動へと発展させる展望をハッキリとさせていくことです。犯罪危険カ所対策から予防対策へと階段を登ると言ってもいいかもしれません。この段階で中心になる課題は、昼間から地域の大人達の姿があちこちに見られる地域を如何に作るかということです。現実的課題として、ここでクローズアップされてくるのは、子どもたちと、昼間から地域を中心に生活する高齢者の方々の力を引き出すことです。現状でもパトロールや見守り隊として活躍しているのも多くは高齢者の方々ですが、限られた時間やルートには限界があります。かといって彼等にこれ以上の負担をかけていくには限界もあります。これからは、彼等の要求に耳を傾け、彼等自身の要求で地域に出てくるまちづくりに、地域を挙げて取り組むことです。特段防犯などと言わなくても、地域のあちこちに昼間に戸外で生活を楽しむ高齢者の姿が散見されるようなまちづくりが必要です。お母さん達にも足元の商店に目を向けてほしいです。気に入った店がなければ自分達で作ってみるのもいいでしょう。とにかく子どもたちが地域で生活する昼間に地域の大人の姿が見えないまちでは、子どもたちを犯罪の危険から守ることはできません。この活動は、次にこうしたまちづくりへと発展していく道筋を持っているのです。

補章

折々の出来事に寄せて

〈千葉・東金の事件から〉

事件発生から二ヶ月余、死体遺棄容疑で容疑者が逮捕されました。私は安全安心のまちづくりの視点から二つの問題を提起したいと思います。一つは区画整理という街づくりの手法についてです。当該地もこの手法で整備されていますし、わが国の代表的な都市整備手法でもあります。死体が遺棄されていた現場は広い建築資材置場であり、道路の向かいには貸し駐車場が散見します。民家は一軒だけで、周りはこうした一時的で粗放的な空間が取り囲み、居住者の目は届き辛い状態です。即ち、住宅地としては未完成なのであります。昭和五〇年代初頭から入居が始まって、三〇年余を経ても、未完成で粗放的で危険な空間が残存するのです。道路・公園・上下水道だけを整備し、宅地化等は地主の都合に任せ切りで、何時完成するかも分からないのです。事業区域が広すぎて元々全てが宅地化するのが無理だったことも考えられます。また、区域内を広域幹線道路が貫通しています。この道路沿いには商業施設・病院・オフィスビル等が並列し、一歩入ると住宅地が広がります。広域的に人を呼び込む施設と混存する住宅地は危険が増大します。当該地に見られるこうした現象は、全国の区画整理地によく見られる一般的なものであります。そもそも区画整理は、犯罪の発生など想定していない都市整備手法であって、今日の状況をふまえて制度的改善が必要です。現存する類似地域については、危険空間の点検と対応策を、住民と行政で取り組むことをお勧めします。

まちづくりのソフトな問題として、不審者情報を取り上げたいと思います。当事件でも容疑者の事件前の不審な行動が取りざたされ注目を集めています。この情報については「積極面」と「危険面」の双方からの検討が必要です。正確で重要な情報は、住民が主体的に安全な地域を作っていくためには必要な条件であります。情報の取得は住民が地域社会の主人公に育っていく不可欠の条件であり、

千葉・東金の事件現場

安全とて例外ではありません。現に、もう少し情報の共有が出来ていたら防げたと考えられる事件も存在します。これが積極面です。危険面としては人権保護の危うさが挙げられます。これにはまず不審者とされる者の人権保護が問題になります。危険も無いのに挙動の不自然さ等から不審者扱いされるとしたら、新たな人権侵害を発生させます。次に、被害が生じた場合には被害者の人権保護が問題になります。同意なくして情報を共有化することは避けなくてはなりません。この他に情報操作の危険もあります。故意に作り出される不安や特定の個人攻撃の危険です。

情報の発信者・受信者・収集発信者（学校・警察・行政等）には両面への十分な配慮が求められます。現実的には、収集発信者の役割が重要です。寄せられた情報の正確さ重要さや人権保護等を検討したうえで発信する必要があります。それらを迅速に実行できる組織的機能（学校・行政・警察・地域組織・弁護士等で構成）の充実が必要です。そうしたことを抜きにした安易な不審者情報の垂れ流しは、人権侵害等の危険性を伴うだけでなく、情報そのものへの信頼を失墜させていきます。その上で、瞬時に対応すべき情報には警察等が対応すればよいのです。

〈中津川・川崎の事件から〉

新学期早々に岐阜県中津川市で中学生の少女が痛ましい犯罪の犠牲になりました。その一月ほど前には川崎市多摩区で小学生の男子が下校途中にマンションの十五階の通路から落とされて命を失いました。立て続けに発生する子どもたちへの犯罪に対して社会の注目が集まっています。こうした事件を防ぐために社会が何をすべきかについて様々な角度から検討されるべきでしょう。筆者は特に都市建設・まちづくりの観点から幾つかの問題を提起したいと思います。

所有者による管理が放棄された空間

中津川市の犯罪現場になったのは、数年前から放置されたパチンコ店と結婚式場の複合施設です。土地や建物の所有者が管理を放棄した空間です。モーテルやスーパー等でも閉鎖後管理が放棄されているものがあります。地方都市を中心にしてその郊外等ではこうした空間が珍しくなくなっています。そしてこうした空間は典型的な地域の危険空間の一つになっています。所有者による管理が放棄された類似空間は、別荘地や途中頓挫した区画整理地等にも見られます。昨年末に発生した栃木県今市市（現日光市）の少女誘拐殺人事件の現場となった通学路周辺には未建築の分譲別荘地が管理も儘《まま》ならないままあちこちに散見されます。バブルは人の心だけではなしに国土にも深い傷跡を残しているのです。

　子どもたちの安全なまちづくりにはこうした空間の対策は緊急の課題である。その為にまず第一に住民と自治体が協力してこうした空間の位置や所有関係の現状を調査する必要があります。第二に当面の対策として、可視性のフェンス等で敷地内への侵入を防ぐと共に内部の整頓をすすめ、その費用を所有者に求めていく必要があります。警察でもパトロールの重点地域として位置づけていく必要があります。第三の課題としてはこうした空間が国土に広がっている現状から、社会的問題としてとらえ、費用負担や再活用計画等の制度的対策を整備していく必要があります。

マンションブームと公開空地

川崎市多摩区の事件も都市建設・まちづくりについて大きな

岐阜・中津川の犯罪現場となった管理放棄された建物と、そこに貼られたハリ紙

問題を提起しています。特に都心回帰のマンションブームに突きつけた問題は大きいものです。事件現場となった集合住宅は十五階建て各階一〇所帯で合計一四八世帯五〇〇人近くが暮らしています。一つの建物でこのように多くの人間を集中して住まわせると、住民は日常生活の中でコミュニティを形成するのが難しくなります。自分達のまち意識が育ちづらいのです。これは多くの大規模集合住宅で経験されることです。バラバラになりがちな住民を前提にしては子どもたちの安全は難しいでしょう。こうした集中を可能にしたのが公開空地という制度です。公開空地は、所有や管理は建物所有者にありながら、利用は無限定に地域社会に開放されるものです。開発にこうした空地を採り入れると容積率が緩和され容量の大きい建物を建てることが出来ます。当該建物も五割近い容積が緩和されています。最近こうした制度を使ってマンションが建てられることが少なくありませんが、都市の過密化を進めるだけでなく適正なコミュニティの単位を破壊し、住民をバラバラにしていく危険が強くあります。また集合住宅にこうした制度を適応するのは管理上も問題が多くあります。公開空地によって容積率の割り増しを受けるのは開発業者ですが、管理に責任を持つのは入居者です。即ち、開発利益を受けるものと管理責任を負うものが異なるのです。そして入居者は、公園的性格を持つ公開空地の利用を自分達の要望で勝手に変えることは出来ません。集合住宅の安全には住民が各戸から敷地内の共有空間に出て共同で生活を楽しむ仕掛けが不可欠です。公開空地にはこうした事を仕掛けている空間的条件など存在しません。こんな過密空間だからこそ住民相互で自由に使える共同の花壇があり菜園があり緑地が必要なのです。容積率の緩和で過度な集中を進め、共有空間を奪っていくまちづくりでは子どもたちの安全は守れないことを当該建物に設置された監視カメラが教えています。

川崎の犯罪現場となったマンション

〈学校の安全対策〉

学校の安全対策で最も基本的な課題は、学校を地域に対して「開いて」守るか「閉じて」守るかという課題です。連続する学校での事件を受けて、この基本的課題に対して学校現場は混乱しました。犯罪先進国「欧米」（人口当たりの犯罪発生件数はわが国の数倍）の対策を直輸入するような形で「閉じて」守る施策が急激に広がるかにみえました。地域に開かれた学校づくりという今日的教育課題と正面からバッテングすることになりました。しかし、「先進国」ですら学校を「要塞」化していく批判の強い施策が、わが国で直ちに一般化することはありませんでした。この「地域に開かれた学校づくり」と「犯罪からの安全」という表層的には対立する要求に対して、時間の経過と共に、一つの社会的合意が形成されてきました。それは、学校を地域に開きながら安全を確保するというものでした。具体的には、学校の出入口を固定して守り易くしながら、そこから学校を地域に開くスタイルが確立されてきたのです。

出入口に監視カメラやセンサー等の防犯器材を設置する学校が増えました。例えば、東京都は公立小学校にこうした施策を広げてきました。しかし、この施策には幾つかの課題が顕在化してきます。まず職員室等に映し出されるモニターの画面を常時観察できる教職員の余裕は学校現場にはありません。これでは事件後の犯人逮捕には有効でも事前予防には疑問が残ります。この種の犯罪の多くが確信犯であることを考えれば抑止効果にも多くの期待などかけられません。また、こうした器材は人権やプライバシー保護の視点が極めて弱いものです。撮影や保管・利活用等の規定について専門家も含めた検討・整備が急がれています。防犯器材に対して人を配して守ろうという施策も見られます。大阪府はいち早くこうした施策を導入しました。出入門にガードマンを配置したのです。子どもたちを守る基本に〝人

学校が痛ましい犯罪現場になった

間〟を据えたという点では前者よりは遥かに優れています。しかし、この施策を広げていくには自治体の財政難という難問があります。限られた財源をどう使うかという選択の問題ではありますが、施策としての優位性は明らかでありますが大きな壁に突き当たっています。この壁を乗り越えるために、地域の高齢者等の協力を仰ぐ施策の展開が、福祉対策や雇用対策と総合化されて検討される必要があります。スクールサポーター等警察ＯＢが巡回する施策も一般化してきています。

敷地内の対策としては〝死角〟対策が中心になります。ここでは職員室の位置が問題になります。校庭等に目をやれる場所へと改善が求められています。給食室・事務室等や植栽なども含めた総合的な死角対策を進める必要があります。空き教室等を活用した地域住民の日常的活用を勧めることも更に必要です。

〈児童館と子どもの安全・安心〉

子どもたちに、安全にして安心して過ごせる所があるのだろうか、そんな不安に駆り立てられる昨今であります。彼らの最も日常的な生活空間――家庭・学校・地域、そこでの安全が揺るぎ始めています。生活の最も基本となる家庭では、家族によって子どもが「虐待」にあって命を落としています。家庭は子どもたちに安全なのか――そんな不安が社会に広がっています。学校では子どもたちが「いじめ」によって命まで落としています。陰に陽に友達同士や先生によるいじめが蔓延し、耐え切れず自ら命を絶つ子どもたちが身近な存在になっています。地域では「犯罪」や交通事故によって子どもたちが命を奪われる痛ましい事件が後を絶ちません。家庭での虐待、学校でのいじめ、地域での犯罪や交通事故、一体子どもたちが安心して過ごせる場所があるのだろうか――そんな不安が心ある人々によって指摘される時代に、残念ながら現代は入りつつあるのです。何時の時代も子どもや高齢者がどの様に扱われているかをみればその時代が分かるといわれています。その意味からも子どもたちを取り巻くこうした状況は今日の日本社会の病理現象を示すものであり、社会全体がこの状況と正面から対峙し改善に取り組むべき課題なのであります。この小論では犯罪からの安全に問題を絞って、児童館の役割と期待を論じることにします。

子どもは毎日既述した三つの空間を使って生活しています。一つは学校であり二つは家庭であり三つは地域であります。この三つの空間にはそれぞれが主に対応する人間関係と生活行為があります。学校での基本は先生から勉強を教わることです。もちろん友達同士の遊び等もありますがそれが基本ではありません。家庭での基本は親（保護者）から衣食住を中心とした生活の基本を教わることです。生活文化の伝承といってもよいでしょう。地域の基本は友達と遊ぶことです。児童館はこの中で空間としては地域、人間関係としては友達同士、行為としては遊びと深く関わる施設といって良いでしょう（地域を学校や家庭を含めて広義に使う場合もありますが、ここではこれらを除いて狭義に使う）。

地域が持つ学校や家庭とは違う固有の特徴は、上記の基本的な性格区分から明らかであります。空間的特徴としては地域は、他の二つの空間に対して極めて広く非限定性を持っています。空間を構成する要素も多様で複雑であり、所有関係も複雑です。人間関係としては他の二つが対先生や対親といった大人との関係が基軸であるのに対して、ここでは友達同士が基軸になります。即ち、対大人という保護される関係ではなく対友達という対等にして厳しい関係が成り立っています。自治的な人間関係が要求されるのです。大人に向けて擬似的な人間関係を付けていくといってもいいのです。行為としては他の二つが基本的には大人から教わるという受身の行為であるのに対して、子ども自身がしたいからするという自発的・能動的な行為であります。子どもたちは地域で友達と遊ぶことを通して、人工から自然へと多様な空間を、そこに展開される人々の生活と共に理解し、対友達という厳しくも楽しい自治的な人間関係を構築し、遊びを通して能動的な力を育てていくのであります。それを支援していくのが児童館の役割であり、期待されるところでもあります。

児童館は地域で子どもを守る拠点だ

地域は私たち大人が考える以上に、子どもたちの成長に大きな役割が期待されているのです。その地域が犯罪の危険に脅かされています。児童館はこの問題に正面から立ち向かう立場に立たされている……そうした自覚がもてるかどうかが児童館の今後の存在にかかっているといっても良いでしょう。児童館に求められている視点の転換といっても良いでしょう。即ち、活動の対象を「児童館に来る子どもたち」から「地域の子どもたち」へと大きく広げることです。地域の子どもたちが「地域で友達と遊ぶ」ことを通して多様な社会を知り自治的で能動的な能力をつけていく、そうした生活の拠点として、地域の全ての子どもを対象にした活動を展開していくことが求められているのです。こうして視点に立つとき、子どもたちを犯罪の危険から守る活動は、今日児童館の取り組む中心的関心事とも言えるでしょう。

具体的には、地域で子どもたちが犯罪の危険に遇っている所を、子どもたちのプライバシー保護や被害者保護に十分な配慮をしつつ、明らかにしていくことです。そうしたことが出来たら、母親クラブ・ＰＴＡ・町内会・自治会・子ども会・民生委員・青少年委員や行政担当者等にも呼びかけて危険カ所を回って一つ一つ改善策を考えるのです。それが出来たら役所や警察とも話し合って具体的改善に取り組むことです。

〈建物壁面緑化と安全・安心のまちづくり〉

何時も通る公園の管理事務所にも大きなネットが張られゴーヤが植えられました。テレビや新聞でも電力節減の一環で建物の壁面緑化が紹介されています。今年の夏は一つのブームを牛むかもしれません。これを契機に壁面を緑化された建物が多く見られる街へとわが国の街の変身も期待されます。街のあちこちにこうして緑が増えていくことは、まちの微気候の緩和だけではなく、日常生活に、潤いや自然への興味を引き起こすので、大いに推奨したいものです。

しかし、その為には検討されるべき幾つかの課題もあります。ここでは、安全安心なまちづくりの視点から課題を提起したいと思います。特に、子どもたちの痛ましい犯罪被害に社会的関心が高まって以来、地域で子どもたちを守るという子育ての原点が再評価され、様々な取り組みが見られるようになりました。そして、子どもたちが地域で生活する昼間の時間帯に、地域の大人の姿が見えない〝空洞化〟に歯止めをかける為に、パトロールや見守り隊等の取り組みが全国的に展開されています。しかし、こうした時間や場所を限定した取り組みには自ずと限界があり、日常的に大人の姿が見えるまちづくりが重要な課題になりつつあります。

公園の管理事務所で働く人々は窓越しに公園で遊ぶ子どもたちを見守っている大切な存在なのです。様々な公共施設や商店・病院等の公益施設や更には民家にも同じことが言えます。そこで働き暮らす人々は窓越しに地域を行き交う子どもの安全を守る大切な存在なのです。そもそも建物の窓は建物の中と外を結ぶ大切な存在です。窓をとおして両者はいろいろな意味で結びついているのであって、簡単に閉ざしてはいけないのです。

建物の壁面緑化にも、こうした点での十分な配慮が求められています。まずは緑化の場所は建物の窓部を避け、壁の面や屋上等にすべきです。日除けも兼ねて窓を緑化する場合には窓の上に庇《ひさし》のような構造で窓越しの人の

公園の事務所の窓が緑化でふさがれて……

目線を遮《さえぎ》らない工夫が必要です。

多くの建物の窓が、緑化で閉ざされた街を作ってはなりません。そんな街を想定すると十余年前におきた神戸北須磨の酒鬼薔薇事件の現場を思い浮かべてしまいます。痛ましい事件の現場は被害少女が通う小学校の正門前の通学路であり、その両側には珊瑚樹が百メートル余も続き、まるで美しい緑の回廊のようでした。そこが犯行現場になったのです。こうした経験を通して、緑化が安全と共存する街づくりに我々は辿り着いているのです。単純な緑化万能論はもう既に克服してきているのであります。

東日本大震災の地震・津波、更には原発破損によって被災地住民をはじめ多くの国民は未曾有の困難に直面しています。余りの大きさの前にこれまで築いてきた生活文化を蔑《ないがし》ろにし、単純な価値観に流されない強さが今こそ求められているのです。

〈子どもを犯罪から守る活動の現状と課題〉

⑴ 活動の現状

子どもたちが痛ましい犯罪の犠牲になる事件が後を絶ちません。事件の発生も大都市からその郊外都市、更には地方都市から農山村に至るまで蔓延し、広く国民的な関心事になってきています。こうした状況を踏まえて子どもたちを犯罪の危険から守る様々な活動が展開されるようになってきています。今日では、こうした動きが全くない地域を探すのは困難なほどです。

学校では、子どもたちの登下校の調査や集団登下校の実施、通学路の安全点検や「地域安全マップ」の作成、子どもたちへの安全教育の実施、教職員への危機管理マニュアルの作成や研修の実施、更には不審者情報の保護者携帯電話への発信やスクールガードの拡充などの対策が見られます。

地域ではＰＴＡや自治会を中心にしたパトロール隊や見守り隊の組織化や、コンビニ等の新しい子ども避難の家の拡充、更には郵便・宅配・新聞配達やタクシーやトラック等への防犯ステッカー等の協力依頼が見られます。

行政の取り組みとしては、ボランティア保険への加入や腕章・ステッカーの配布などの住民活動の支援、交通指導員・民生委員や自治体職員による下校時安全パトロールの実施、防犯灯や通学路のガードレールの設置や公園の植栽管理や立て看板等のハード対策、更には帰宅後の留守児童を一時預かるファミリーサポートセンター、放課後や長期休み期間の児童クラブの拡充利用等の対策が見られます。

これらの他に警察による防犯教室の実施やパトロールの強化、学校内外での監視カメラの推奨や交番不在対策の強化、更には性犯罪者を中心にした犯罪者対策の強化等が見られますし、家庭においても親子で様々な防犯についての話し合いがなされているでしょうことに違いありません。最近では低学年の子どもを持つ保護者に休暇や時差出勤を認める企業も現れています。

安全安心を一つのキーワードにして社会が大きく揺れ動いているといっても過言ではない状況が生まれています。こうした大きな社会的動きの向こうに、本当に安全にして安心な社会が待っているのでしょうか。この辺で少し冷静になってこのことについて考えてみることが必要です。その為に必要な幾つかの課題（論点）について以下に検討してみます。

(2) 犯罪危険の現状をどうみるか

日本社会の犯罪危険の現状は実態を正しく反映したものかどうかという疑問が出されていま

す。こうした立場の人々からは、少なくとも活動の現状は行き過ぎであり急速に管理的で監視的な社会に向う危険性すらあるといった危惧が指摘されています。確かに犯罪は単純に増えているわけではありません。また増えているとはいえ人口当たりの発生件数を見ても、欧米の半分から三分の一にも至っていないのが現実です。こうした実情を踏まえて、現状の活動が実際の危険と乖離した「作り出された体感不安」によるものであることを指摘しているわけです。事件が発生すると、ことの性格からしてテレビや新聞等のメディアが集中的に報道します。それによって実態以上の危険が広がり、体感不安が作り出されるわけです。こうした不安が社会的に広がると、一部の政治家が悪乗りし、十分な事態の検討もないまま軽々しい対策を、然も勇ましく打ち上げることによって、深刻な事態が社会的に作り出されてくるのは、欧米でも常に見られる現象です。そしてこうした社会状況を利用して、社会の管理化監視化を進めようとする政治的な動きも、欧米でも見られる現象であります。

わが国の活動の現状に対してこうした視点からの批判が存在します。

こうした批判的視点は極めて重要な意味を持っていると考えます。ともすれば過熱しかねない活動に対して常に冷静さを求めるものであります。特に犯罪からの安全の課題にはこうした冷静さが必要であります。対応を間違えると、社会を窒息死させる危険を常に内包しているからです。しかし、問題の指摘がここに止まっている限りでは、連鎖的に起こってくる子どもたちの痛ましい事件に心痛める社会に対しては無力であり、社会批評の域を出るものではありません。必要なのはこうした批判的視点を踏まえつつ、子どもを守る具体的な活動の提示であります。

(3) 現状の諸活動をどうみるか

全国のあちこちで取り組まれている様々な活動、即ち(1)で挙げてきた諸活動には、大きく分けて子ども自身に向けられた活動と、子どもを取り巻く環境に向けられた活動があります。前者は大きく括れば子ども自身の危機回避能力を高めていくものであり、実行の中心は子ども自身であります。これに対して後者は、大きく括れば子どもを取り巻く環境の改善を進めていくものであり、実行の中心は大人達であります。この両者の関係を整理しておく必要があります。

両者の関係の基本は相互に補完関係にあり、両者の程よい組み合わせが、対策の実効性を高めていくためには必要だということです。

こうした基本認識に立って両者の補完関係の内実を検討する必要があります。社会的に活動をどのように進めていくかという立場に立つならば、両者はパラレル（並行的）に存在するものではありません。当然両者には、中心と補完という関係が存在します。この関係を解きほぐしていくためには、今日の子どもを取り巻く危険な状況がどのようにして作り出されてきたかを考えることが必要です。子どもたち自身が大きく変わったためにこうした状況が生まれてきたのでしょうか。それとも子どもたちを取り巻く環境が大きく変化し劣化したためにこうした状況になってきたのでしょうか。危険化してきた要因をどちらに置くかによって対策の中心をどちらに置くかが決まってきます。当然、危険化してきた要因は子どもを取り巻く環境の激変劣化にあるのであり、子ども自身の側にあるのではありません。したがって対策の中心も、大人達による、激変劣化した子どもたちの環境の改善にあるのです。子どもたちの安全対策は、大人自身による劣化した環境改善の活動を中心にしつつ必要に応じて子どもの危機回避を促していくという活動形態が必要です。

子どもを取り巻く激変劣化した環境を改善していく大人達の活動は、成果を挙げていくにはある程度の時間が必要です。ここを埋めていくためには子どもたちの危機回避を高めていくことが必要です。

子どもの危機回避能力を高めていく活動は、劣化した環境を受け入れて、それへの子どもの対応能力を求めていく活動に堕する危険を避けなくてはなりません。本来子どもは大きく変わる必要などないのです。止むを得ず最小限度の対応を求められているのです。この点を踏み外して、過敏な子どもへの危機管理能力を求めていけば、子ども自身の人格の形成にも大きな問題が生じてきます。巷にこうした傾向が見られないでもありません。気をつけたいものです。

(4)「犯罪危険地図」から「環境改善計画」へ

激変劣化した子どもを取り巻く環境を改善していくためにはどのような活動が必要なのでしょう。（この部分については本著で詳しく記述しているので割愛します）

(5) 現状の諸活動に欠けているもの

現在取り組まれている活動のほとんどは「発生する犯罪」を前提にして、これにどのように対応するかといった性格のものです。即ち対症療法といっても良いものです。こうした活動には明らかな限界があります。犯罪の発生状況がこのまま続いていくとしたならば、これらの対症療法的対策では事態は防げなくなるでしょう。こうした活動に欠けているもの、それは犯罪そのものをどのように減少させていくかといった課題への取り組みです。あらゆる問題の解決には、当面の対策と根本的な解決策の二面からのアプローチが必要です。例えば風邪にかかったとしましょう。これを治すには、当面の対策として投薬や注射といったことが必要です。しかしこうしたことだけを繰り返していると、これらの対策は余り効能がなくなり、やり過ぎると身体そのものに異常をきたしてくることになります。風邪を治す根本的な解決策は十分な睡眠と栄養を採り、健康な体力を回復することです。風邪を治すにはこの二つの対応策、当面の対応策と根本的な解決策が必要なわけです。子どもたちを犯罪の危険から守る問題も同じです。二面からのアプローチが必要なのです。今全国で取り組まれている活動は、多発する犯罪の危険への対応策であり、主に地域や自治体レベルで取り組まれているものです。もう一方の犯罪者を生み出してくる原因を検討し、そこに有効な対策を立てていく解決策、社会全体・国（政府）レベルで取り組むべき活動が極めて弱いのです。こうした活動はほとんどないといっても良い状況です。こうした状況を放置して、地域や自治体任せで対処療法的な対策だけを強化していけば、安全のためには人格や人権をも乱暴に蹂躙《じゅうりん》していかざるを得ない異常な社会になっていくでしょう。こうした事態を避けるためにも犯罪者を生み出している原因に目を向け、これを取り除いていく社会全体・政府レベルの活動を強化する必要があります。こうした分野での社会科学者を始め、関係者の活動と国民的な取り組みが待たれています。筆者はこうした分野の専門家ではありませんが、日常的な活動の中で気がついた幾つかの課題を挙げておきたいと思います。課題の一つはストレス型社会の改善です。日本社会は、急激に市場経済万能主義、競争至上主義が国民生活の隅々にまで蔓延しました。人間の対応力を超えたスピードと規模で進む競争社会は多くの人間に大きなストレスを蓄積し、ストレス型社会を形成してきています。ストレスを抱えれば誰もが犯罪者になるという簡単なものではありませんが、個人的に処理できない人々の中からその捌《は》け口を弱者である子どもたちに向ける者が生まれてきます。行き過ぎたストレス型社会の改善が必要です。課題の二つは人間の欲望を過度に刺激していく社会の改善です。金銭欲・名誉欲・性欲といった人間の欲望を刺激し、社会を活性化していく社会に変わりつつあります。人間のもつもう一つの側面、理性や知性といったものを大切にし、均整の取れた社会に改善することが必要です。課題の三つは人間の命をもっと大切にする社会の構築です。イラクでは何万人という人間の命が同じ人間によって奪われ、それがあれこれの理屈を付けて正当化さえされています。国内では毎年三万人を超える人々が自らの命を断っています。社会はこうした事態にどれだけ真剣に立ち向かっているのでしょうか。もっと人の命が大切にされる社会に戻していく必要があります。

犯罪者が多発する原因を、個人的な領域に止めず、社会のあり方まで視野に入れた検討が待たれています。

〈「安全マップ」なるものについて〉

「地域安全マップ作成指導マニュアル」（東京都青少年・治安対策本部発行）が策定され、東京都内の小学校を中心に、このマニュアルに基づく「地域安全マップ」づくりが広がっています。私はこの活動にいくつかの疑問を持っていましたが、子どもを犯罪から守ることは多方面からの取り組みが必要であり、時間の経過の中で修正されたり淘汰《とうた》されていくものと考え、それ程気にもとめてきませんでした。しかし、教育関係者等では些《いささ》かの混乱も見られますので、以下幾つかの点について、私なりの見解を述べておきます。

「犯罪危険地図」から「環境改善計画」づくりへと進む活動（以下、「犯罪危険地図」と略称）は、「地域安全マップ」（以下、「安全マップ」と略称）づくりとは活動の主体も内容も全く異なる取り組みになります。「犯罪危険地図」は地域の大人が取り組む主体であり、「安全マップ」の取り組みは子ども自身が取り組む主体であります。取り組む内容も、前者は子どもを取り巻く環境全体を具体的に改善していくことにあり、後者は子どもたちの犯罪被害防止能力を教育するものであります。

子どもの環境を改善していく活動と犯罪防止能力を教育していく活動は、基本的には両方が必要なものです。この点を踏まえた上で、社会が重点的に取り組む活動は、環境を改善していくことだと考えます。何故ならば、子どもを取り巻く今日の危険な状況は、子ども自身が大きく変化したことにあるのではなく、それを取り巻く社会環境の激変・劣化にこそ大きな原因があると考えるからです。ここを踏み違え、激変・劣化した社会環境を基本的に受け入れてそれへの対応能力を子どもたちに求めていくことは事態の科学的認識に欠けたものであり、その取り組みに余りの期待を負わせれば、子どもの人格形成への負の影響も心配されます。

大人自身が子どもたちを取り巻く社会環境の改善に具体的に取り組みつつ、子どもたちへも注意深く犯罪被害防止能力を求めていくべきだと考えます。このことは加害者の多くが大人であり、子どもの犯罪被害防止能力といっても大きい限界がある点からも、当然のことと考えます。

「安全マップ」についての理論的根拠とされる点についても疑問があります。犯罪対策を原因論と機会論に区分した上で、ここでは原因論を退け、機会論に立つ対策が有効であるとします。しかし、ここには幾つかの検討すべき課題があります。まず原因論を余りにも狭くとらえてはいないでしょうか。犯罪の原因を、専ら犯罪者の個人的な人格に求めていますが、犯罪の原因をこうした個人の人格のレベルに留めておくのは正しくありません。むしろ、原因論にとって今日必要なのは、犯罪者を多発するに至った社会的要因にまで遡《さかのぼ》った原因究明であり、そこからの問題提起と社会的警鐘ではないでしょうか。原因論を極めて狭い範轄に留め、それとの対比で機会論の有効性を論じるのは、結果として犯罪者を多発する今日の社会的状況から目を逸らすものであります。

子どもたちに安全な社会をつくっていくには、両面からの対策がそれぞれ必要であり、両者はそれぞれに発展すべき課題があると考えるべきです。「犯罪危険地図」は、そうした立場から、この区分に従えば機会論に軸足をおくものですが、それを自己の優位性というよりも、こうした対症療法的な対策の弱点として捉え、取り組む人々には犯罪者を多発する社会的要因（根本的対策）にも目を向け、犯罪者そのものを減らしていく必要性も考えるように促しています。

「安全マップ」は機会論からも逸脱してはいないでしょうか。機会論は犯罪者の犯罪機会を減らすことを目的に抵抗性、領域性、監視性を高めるものです。「安全マップ」は、このうち犯罪の場に注目して、主として領域性・監視性を高めるべく子どもたちに「入りやすく」「見えにくい」場所を地域の中で発見させ、犯罪被害防止能力を高める教育的方法だとされています。しかし、機会論を教育に適応することによって、機会論の趣旨からの逸脱が生じてはいないでしょうか。機会論はあくまでも環境の領域性や監視性を高めていくことにあります。しかし、「安全マップ」では犯罪被害防止能力を高めるという教育の方法論に転化されることによって、子ども自身の抵抗性の向上というものへと性格を変えています。したがって、環境の領域性や監視性の問題点が具体的に改善されることはほとんどありません。その結果、子どもたちへは危険な場所やそこにいる人々を避けろといった指示しかできないのは当然の帰結でありります。これでは地域の中に避けなくてはならない場所や人々があちこちに散見されることになり（そして、こうした場所は今日の都市づくりではますます増えていることをご存知なのでしょうか）、そのようなことが子どもの生活実態から可能だと考えているのでしょうか。これでは機会論を理論的根拠としていることと矛盾するのではないでしょうか。

既往の学問的成果をきちんと踏まえる必要があるのでないでしょうか。安全対策は総合的な分野ですが、環境設計や教育学や社会科学等の既往の学問的成果を踏まえた上での総合化をもう少し丁寧にやる必要がありそうです。例えば、機会論の中心的課題となる環境設計の分野でいうならば、ハード面の対策とソフト面の対策に単純に区分されていますが、環境設計という分野にとってポイントとなるのは一旦区分した要素を具体的な人間の生活面で再び総合化することにあります。分析的科学の手法にあっては対象を区分していくことは事態の理解を助けるものですが、問題解決学としての環境設計にあってはそれらを総合化し、全体としての調和を造り出していくことが重要です。例えば、徒《いたずら》に公園の無死角性を高めれば、子どもにとって魅力の低いものにもなり、利用者の少ない公園は危険になることも考えなくてはなりません。まちの至る所に監視カメラを設置したのでは監視社会を招き、そうしたことを避ける人々の姿がまちから消えていきます。ここで大切なのは、安全にして楽しい公園やまちをどのように計画設計していくかという、表層的には対立する要素を総合化していくことなのです（分析的結果は総合化の展望がないと実際には使えません）。求めるべき安全な公園やまちとは地域の人々によく利用され大切にされる楽しい公園やまちであり、安全が大切だからといって安全性だけを追い求めたのでは達成できないし逆効果にもなったりします。私の提唱する「犯罪危険地図」

が抽象的な分析的手法からでなく具体的な対象から入っていくのはこうした点も踏まえているからです。また危険な場所といっても環境は季節や時間帯で大きく変化するもので、見分けはそれほど単純なものでもありません。

教育についても「安全マップ」は単純な理解と過大な期待を抱いているのではないでしょうか。教育という手段は人間にとって極めて有効なものではありますが、一度ぐらいの教育でポイントを理解できる子は極めて限られているのではないでしょうか（それともこうした教育を何度も繰り返すのでしょうか。だとすれば今日多くの教育課題を抱えている教育現場でそうしたことが可能だと考えているのでしょうか）。この種の複雑な問題でも先生が一度教えればほとんどの子どもが理解できるという前提が成り立つならば、今日の教育問題の多くは解決されるでしょう。教育には、課題によっては繰り返しが必要であって、一人一人の状況を踏まえた対応も必要です。教育「安全マップ」は、教育についても教育現場の実状から些か遊離し、単純にして過大な期待をしているのではないでしょうか。安全教育の功罪も含めて教育学からの専門的な検討が必要なのではないでしょうか。

マニュアルでは「安全マップ」以外の取り組みについて留意点という形で批判がされていま

す。このこと事態が極めて異常ですが、ポイントとなる幾つかの点について私見を述べておきます。

犯罪発生マップは「被害者のトラウマを深める危険性がある」として批判されています。では「安全マップ」はこうした問題はないと言えるでしょうか。「入りやすく」「見えずらい」ことをポイントに見ていけば地域の中の危険カ所を見分けられるというわけですから、「安全マップ」で見いだされていく地域の危険カ所は、当然のこととして具体的に子どもたちが危険に遭った場所と多くの所でだぶってくるはずです（もし具体的に遭った場所とだぶらないのならば「安全マップ」は見当違いのことをしていることになります）。そこで被害にあった子がその場に立てば被害時のことを思い出すのは当然で、犯罪にあった具体的な場所ではなく、抽象的な場所からアプローチしているからそうしたことは避けられると考えるのは、不自然です。したがって、「犯罪発生マップ」から入ろうが「安全マップ」から入ろうが、犯罪被害の調査には、常に被害者保護の課題が存在すると考えるべきです。大切になるのは、こうしたことを自覚し、どれだけそうしたことに配慮されているかということであります。「犯罪危険地図」では、調査票を封筒に入れて一人一人に渡し、帰宅後記入することにしています。当然のこととして、記入したくない人は記入する必要も提出する必要もないことを伝えることにしています。提出は再び封筒に入れ、教室等のダンボール箱等に入れることにし、先生も一人一人の中身は見られないことも子どもたちに伝えることにしています。調査票は作業終了後主催者が責任をもって処分することにしています。「安全マップ」ではこうした対策はどうなっているのでしょうか。課題の性格からして当然必要な子どもたちの参加不参加の自由は保障されているのでしょうか。全員参加が前提の授業等で、集団的にこうしたことを行なうのは避けられているのでしょうか。「入りやすく」「見えずらい」という抽象的な場所から入るという方便で、こうしたことにはほとんど対応すら検討されていないのではないでしょうか。いかなる方法をとろうとも犯罪被害に関わる調査は授業等で集団的一斉作業として取り組むべきものではない、と考えるべきなのです。

不審者マップについては「差別的な地図になる」として、人権上の課題から批判されています。では、「安全マップ」は、批判する程の人権上の配慮が十分されているのでしょうか。結果を踏まえて、「危険なところにいる人には十分に警戒し、安全なところにいる人とは挨拶をしよう」ということを、さも良いことのように子どもたちに推奨しています。人に対している場所でこうした違った対応の仕方を教えることは良いことなのでしょうか。当然のこととして、そうした場所で働かなくてはならない人もいるのです。場所で差別的対応を勧めることでは、不審者マップを差別的云々で批判することなどできないのではないでしょうか。「犯罪危険地図」では調査結果の不審者という表現もそのまま鵜呑《うの》みにせず、主催者の側で一つ一つ検討し、危険性を伴う確かなる場所を中心に改善策を検討することにしています。

同じ犯罪発生カ所で次に発生するとも限らず、他の場所への注意力が低くなるといったことも批判点にされたりします。では、「安全マップ」に取り組めば将来の発生カ所の全てを予見できたり完全な予知能力が獲得できると考えているのでしょうか。ここでも言えることは、どのような方法をとっても将来の発生カ所を全て予見したり予知して対応することはできないということです。子どもたちの予見や予知能力に万福の期待を寄せることは、余りにも非現実的であります。「犯罪危険地図」ではこうした前提の基に、出来るだけ多くのサンプルをとること（四年生以上全員が対象）で、出来るだけ事態の正確な把握に心がけることにしています。

以上、主な批判点についてコメントしてきましたが、総じて言えることは、他の方法の問題点として批判している同質の問題を、基本的には「安全マップ」も持っているということであります。そして、そうした自覚が「安全マップ」には余りにもないが故に、そうしたことへの対応がなおざりにされているということではないでしょうか。

おわりに

本著は、東京は葛飾での「子どもを犯罪から守るまちづくり活動」が一〇周年を迎え、記念の集会を開催するに合わせて、この活動の基本的な考え方と特徴、具体的な進め方、そして一〇年の実践の足跡をまとめたものです。毎年積み上げられていく地域住民の力強い実践を前にして、それらを纏めて、より多くの人々に知らせていくのは、この活動を呼びかけ、共に歩んできた私に課せられた重要な責務であると感じながらも、なかなか踏み出せない歳月が過ぎていきました。しかし、一〇周年という記念すべき集いが企画され、その月日も決まっていくなかで、関係者の熱気に突き動かされて、本づくりを始動したのは桜の満開も近い三月も終わろうとしている時でした。時あたかも東日本大震災から一年、各方面でこの一年の見直し議論が盛んな時でした。七月初旬に出版という期限を切り、原稿仕上げまで二ヶ月弱という期間で、とりあえず纏め上げました。もっと重要な実践の見落としがあるかもしれません。全体としての論旨の荒さも気になります。こうした点を読者諸氏をはじめこの活動に関わられた葛飾区民の皆さんにお詫びしておかなくてはなりません。

まず手始めに、具体的に改善された地点を、歩きやレンタルサイクルで再確認に回りました。その一点一点に、関わられた住民や関係者達の〝子どもたちへの思い〟と、実現に向けた一途な努力が充分に感じられるものでした。改めて、こうした地道な活動が、この一〇年間、葛飾の彼方此方の地で、地域住民達によって綿々と続けられてきたことが確認され、疲れた体を突き動かしてくれました。

こうしたハードなまちづくりと共に、私が読者に知ってほしいのは、それに参加した人々の変化と成長の足跡です。本著の９項で当事者達に参加いただいて座談会という形でお伝えすることにしました。もっともっと多くの方々の思いをお伝えしたかったのですが、限られた参加者達の言葉のなかからも、この活動のなかで彼等の地域や子どもたちを見る目や自分自身の生き方がどのように変わってきたのかをご理解していただけたら幸いです。そして、その思いが次世代の地域を担っていく子どもたちに伝承されていく、そうしたロマンを感じていただけたら、本著の目的は充分に達せられたと思います。

本著は、葛飾区民の方々、葛飾で働いている方々に読んでいただきたいです。そしてこの活動の輪に加わっていただきたいです。やがて、その輪が一回りも二回りも広がり、子どもたちの安全が大きな社会問題になった二十一世紀初頭、葛飾の人々が何を考え何をしたかという、葛飾固有の子育ての文化を刻む活動に。

本著は又、全国の子どもの安全を願う多くの人々に読んでいただきたいです。子どもを犯罪から守るために、全国で色々な取り組みがされています。その中でも、この活動は幾つかの特徴を持つものです。地域の大人の責任で、時間もかけて改善し、安全で楽しいまちづくりへと広がっていく確かな展望を持っています。そうした人々の活動にも是非参考にしていただきたいです。また、そうした取り組みの中から様々なご意見をいただきたいです。

最後に、本著の出版にあたっては葛飾区青少年委員会、子どもを犯罪から守るまちづくり活動推進会、ＰＴＡ関係者、町会や地区委員会等の地域組織、更には葛飾区教育委員会をはじめ関係部局の方々にはお世話になりました。感謝申し上げます。

晶文社の倉田晃宏さんには慌しい期間の中で多大な労をおかけしました。お礼申し上げます。

二〇一二年　五月

中村　攻

著者について

中村攻（なかむら・おさむ）

一九四二年生まれ。千葉大学名誉教授。工学博士。地域計画家。社会活動としては中央省庁や地方自治体等のまちづくり・むらづくりに関する各種委員・研修講師を歴任。

著書に『安全・安心なまちを子ども達へ』（自治体研究社）、『子どもはどこで犯罪にあっているか』（晶文社）ほか。

子《こ》どもたちを犯罪《はんざい》から守《まも》るまちづくり

考え方と実践―東京・葛飾からのレポート

二〇一二年七月一五日初版

二〇一二年七月二〇日二刷

著者　中村攻

発行者　株式会社晶文社

東京都千代田区神田神保町一―一一

電話（〇三）三五一八-四九四〇（代表）・四九四二（編集）

URL http://www.shobunsha.co.jp

印刷　株式会社堀内印刷所

製本　株式会社宮田製本所

ISBN978-4-7949-6783-1　Printed in Japan